三峡水库上游流域天气气候特征分析研究

金 琪 洪国平 李武阶 等 著

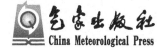
气象出版社
China Meteorological Press

内容简介

针对三峡水库上游水资源开发利用需要，本书组织了武汉区域气候中心、武汉中心气象台、湖北省气象信息与技术保障中心、湖北省气象服务中心等多家单位的专家，通过大量资料的收集、整理、分析，系统地开展了三峡水库上游流域自然地理及水系特征分析、流域气候、降水变化特征、旱涝气候特征及致洪暴雨天气特征分析等，以期为三峡上游水库的科学调度提供参考依据。

本书可作为三峡库区上游流域所涉及气象台站的工作人员参考用书，也可供气象、水利等科研人员参考使用。

图书在版编目（CIP）数据

三峡水库上游流域天气气候特征分析研究 / 金琪等著. —北京：气象出版社，2014.4
ISBN 978-7-5029-5912-8

Ⅰ．①三… Ⅱ．①金… Ⅲ．①三峡水利工程—上游—气候特点—天气分析—研究 Ⅳ．①P468.271.9

中国版本图书馆 CIP 数据核字（2014）第 059982 号

三峡水库上游流域天气气候特征分析研究

金 琪 洪国平 李武阶 等 著

出版发行：气象出版社

地　　址：北京市海淀区中关村南大街 46 号　　　　　邮政编码：100081
总 编 室：010-68407112　　　　　　　　　　　　　发 行 部：010-68409198
网　　址：http://www.cmp.cma.gov.cn　　　　　　　E-mail：qxcbs@cma.gov.cn
责任编辑：吴晓鹏 李香淑　　　　　　　　　　　　　终　　审：周诗健
封面设计：博雅思企划　　　　　　　　　　　　　　 责任技编：吴庭芳
印　　刷：北京京华虎彩印刷有限公司
开　　本：710 mm×1000 mm　1/16　　　　　　　　　印　　张：9.125
字　　数：161 千字
版　　次：2014 年 5 月第 1 版　　　　　　　　　　　印　　次：2014 年 5 月第 1 次印刷
定　　价：45.00 元

《三峡水库上游流域天气气候特征分析研究》

编写人员：金　琪　　洪国平　　李武阶　　高　　媛

任永健　　李才媛　　高　琦　　孟英杰

何明琼　　刘志雄　　肖　莺　　周　　博

吕桅桅　　王艳杰　　左希健

技术指导：傅希德　　周月华　　赵云发　　陈良华

前　言

　　长江横跨我国东部、中部和西部三大经济区,流域 GDP 占全国总量的三成以上;流域人口 4.9 亿,占全国总人口的 38.5%;同时,长江流域还是我国农业主产区,水稻产量约占全国的 70%,棉花产量约占全国的 33%,淡水鱼出产约占全国的 60%。长江流域以全国 1/5 的面积承载着全国 1/3 以上的人口和 1/3 以上的经济总量,在国民经济和社会构成中占有重要地位。

　　2010 年三峡水库已经进入试验蓄水调度期,大坝具有 175 m 正常蓄水位挡水标准,三峡工程防洪、抗旱、发电、航运、供水等综合效益全面发挥。随着金沙江下游溪洛渡、向家坝两个工程建设进入蓄水发电阶段,金沙江下游梯级和三峡梯级水电站水库特大型梯级枢纽调度运行工作也已陆续开展,为确保工程规划目标的实现、最大限度地发挥工程效益,迫切需要了解长江上游水库建设、自然条件以及长江上游各支流气候和致洪暴雨分析,这是梯级水电枢纽工程今后进行实际运行的基础和前提条件,对三峡梯级水库综合优化调度具有重要而长远的意义。

　　针对三峡水库上游水资源开发利用需要,本书组织了武汉区域气候中心、武汉中心气象台、湖北省气象信息与技术保障中心、湖北省气象服务中心等多家单位的专家,通过大量资料的收集、整理、分析,系统地开展了三峡水库上游流域自然地理及水系特征分析、流域气候、降水变化特征、旱涝气候特征及致洪暴雨天气特征分析等,以期为三峡上游水库的科学调度提供参考依据。

　　本书由金琪、洪国平、李武阶负责总体设计以及各章分析总结;高媛、何明琼负责上游流域自然地理及水系特征的分析,任永健、刘志雄负责上游流域气候特征分析;肖莺、周博负责上游降水变化特征及旱涝分析,李才媛、高琦、孟英杰负责致洪暴雨天气特征分析,吕桅桅、王艳杰、左希健等人参与了资料整理与统计工作。

本书得到了湖北省气象局傅希德研究员、周月华研究员的关心指导,也得到了长江三峡梯级调度中心赵云发副主任、陈良华台长的关心和支持,在此表示衷心感谢!

由于时间紧迫,本书不足之处在所难免,敬请大家批评指正。

作　者

2013 年 9 月于武汉

目　　录

第 1 章

三峡水库上游流域自然地理及水系特征

1.1 三峡水库上游流域自然地理

1.1.1 流域地理范围

三峡水库上游流域范围位于北纬 24°27′～35°54′，东经 90°33′～111°之间，跨越 11 个纬度和 21 个经度。长江干流宜昌以上为上游，长 4504 km，流域面积 100 万 km²；宜宾以上统称金沙江，长 3464 km，面积 48 万 km²；宜宾至宜昌河段俗称川江，长 1040 km，面积 52 万 km²，见图 1.1。

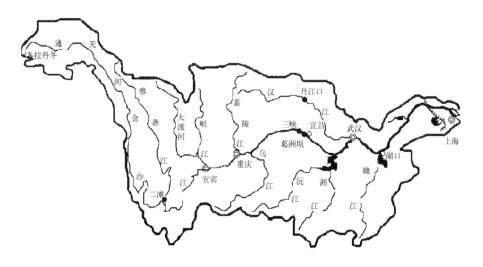

图 1.1　三峡水库上游流域范围

1.1.2 流域自然地理

流域自西向东跨过 3 大地形阶梯，由海拔 5000 m 以上的西部高原到海拔约 200 m 的三峡大坝，垂直落差 5000 m，见图 1.2。流域范围北以秦岭为分界，与黄河相邻，南以南岭、黔中高原、大庚岭与珠江为界，西南则以横断山脉的宁静山与澜沧江为界。分水岭以内的降水,均汇流入长江。流域覆盖青海、西藏、四川、云南、贵州、重庆、湖北等 7 个省(自治区、直辖市)。

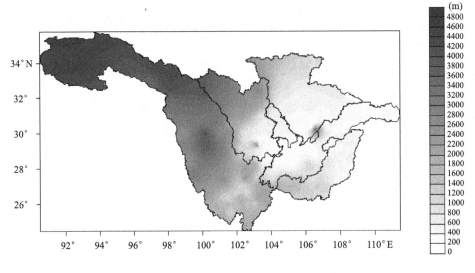

图 1.2　三峡水库上游流域海拔高程图

　　三峡水库上游流域地势西高东低,呈两大阶梯状:第一级阶梯包括青海南部高原、川西高原和横断山高山峡谷区,一般海拔高程 3500～5000 m;第二级阶梯为秦巴山地、四川盆地、云贵高原和鄂黔山地,一般海拔高程 500～2000 m;一、二级阶梯间的过渡带,由陇南、川渝滇山地构成,一般海拔高程为 2000～3500 m,部分山峰在 4000 m 以上,地形起伏大,自西向东由高山急剧降至低山丘陵,岭谷高差达 1000～2000 m,是流域内强烈地震、滑坡、崩塌及泥石流分布最多的地区。见图 1.3、图 1.4。

　　长江上游宜宾以上河段由通天河和金沙江两部分组成。通天河从长江源头沱沱河始,到青海玉树止,流域内长度 1038 km,落差 1820 m,水能资源丰富。从青海玉树到四川宜宾的长江段通称金沙江,其流域长度和干流总落差均占整条长江的近半,金沙江以云南石鼓和四川攀枝花为分界点,也分为上、中、下游三段,全长 3464 km,自然落差约 5100 m。金沙江流域地理位置介于东经 90°～105°,北纬 24°～36°之间,呈西北向东南倾斜的狭长形,北以巴颜喀拉山与黄河上游分界,东以大雪山与大渡河为邻,南以乌蒙山与珠江接壤,西以宁静山与澜沧江分水。流域地势西北高,东南低,按流域地形、地势特征,可分为青藏高原区、横断山纵谷区和云贵高原区。

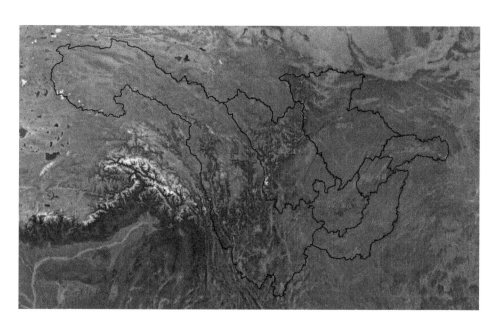

图 1.3　三峡上游流域影像地图

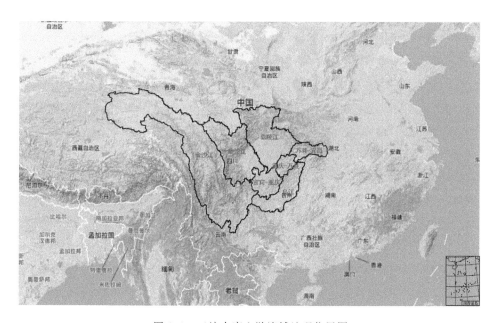

图 1.4　三峡水库上游流域地理位置图

宜宾至宜昌河段俗称川江,长 1040 km,面积约 52 万 km²,大致范围在东经 100°~111°、北纬 25°~35°,三峡(瞿塘峡、巫峡、西陵峡)位于其中的万县①至宜昌段,称为三峡区间,面积为 3.06 万 km²。

1.1.3 流域库区社会经济状况

1.1.3.1 社会经济状况

三峡库区包括重庆市 22 个、湖北省 4 个县(市、区),总面积 5.8 万 km²。据 2001 年统计资料,三峡库区总人口 1962.12 万,其中,农业人口 1438.93 万,非农业人口 523.19 万;土地面积 57939 km²,其中,耕地面积 9777 km²,占 16.9%。三峡库区人口密度高,人地矛盾突出,人均耕地仅 0.05 hm²。按 175 m 水位方案,将淹没耕地 2.38 万 hm²,加上移民二次占地,如人口以年净增长率 12.5‰推算,水库建成后,人均占有耕地仅 0.04 hm² 左右,即 400 m² 相当于人均 6 分耕地,耕地压力将进一步加大。

库区以农业经济为主,农业又以种植业为主。库区中部的种植制度,稻田以稻—麦(或稻—油)为主,旱坡地以麦—玉—红薯为主。库区工业基础薄弱,基础设施落后,陆路交通条件差,商品经济不发达。由于生产水平不高,经济比较单一,综合管理水平低,人均 GDP(国内生产总值)和人均收入均低于川、鄂两省平均水平和全国平均水平,属我国经济发展水平较低的连片贫困地区之一。

1.1.3.2 土壤及生物多样性

三峡库区主要土壤类型有黄壤、黄棕壤、紫色土、黄色石灰土、棕色石灰土、水稻土、冲击土、粗骨土和潮土。在海拔较高的山中还有棕壤、暗棕壤和山地草甸土。

三峡库区物种资源丰富,具有物种多样性和生态群落、生态系统多样性的优势。有维管束植物 2787 种,其中国家重点保护的珍稀植物达 49 种。主要植被类型有常绿阔叶林、落叶阔叶混交林、落叶阔叶与常绿针叶混交林、针叶林和灌草丛等。植被因气候垂直变化而复杂多样,从河谷丘陵到山地,生长亚热带—暖温带—温带的各类植物。由于库区开发历史悠久,以及不合理的开发利用,三峡库区森林植被生态系统受到较严重的破坏,林种结构较单一,阔叶林比重小、针叶林比重大(占 90%以上,其中马尾松林占 70%以上),中幼林比重大,多属 20 世纪 60 年代或 70 年代的人工林,灌木层种类少,群落种类组成、层次结构简单。

---

① 万县 1998 年更名为万州区,下同。

1.2 三峡水库上游流域水系特征

1.2.1 流域主要水系及水文特征

根据河流的水文、地理特征,长江上游穿过青藏高原、云贵高原、四川盆地和川鄂山地,河道经过高原、山区和盆地,沿流域水系发达,径流充足,沿途有成千上万条大小支流汇入。长江上游干流先后接纳了金沙江、雅砻江、岷江、沱江、嘉陵江和乌江诸水,形成了河床坡降较大而水流湍急的峡谷型河段,其干流长 4512 km,流域面积 100 万 km²。

按照水文地理特性,并考虑支流(或河段)的完整性和传统习惯,长江上游流域水文分区划分为金沙江、岷沱江、嘉陵江、乌江、宜宾至重庆、重庆至万州、万州至宜昌共七大区域,见图 1.5,有时也根据服务需要将重庆至万州、万州至宜昌合并称为重庆至宜昌,而宜宾至重庆、重庆至万州、万州至宜昌合并称长江上游干流,见图 1.5。

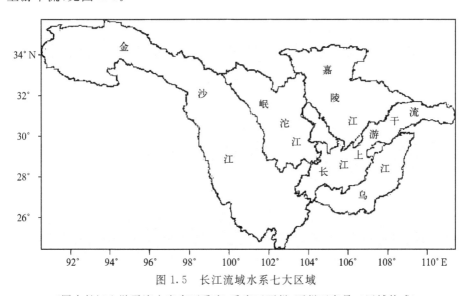

图 1.5 长江流域水系七大区域

(图中长江上游干流由宜宾至重庆、重庆至万州、万州至宜昌三区域构成)

(1)金沙江流域:长江的北源沱沱河出自青海省西南边境唐古拉山脉雪山,与长江南源当曲会合后称通天河;南流到玉树县巴塘河口以下至四川省宜宾市间称金沙江。流域面积 2.3 万 km²,年平均流量为 957.3 m³/s,年径流量 301.9 亿 m³(巴塘站)。雅砻江为金沙江左岸最大支流,发源于巴颜喀拉山南麓,河长

1637 km,流域面积 128000 km²,流经高山峡谷,是典型峡谷型河流,于攀枝花市汇入长江。径流丰沛而稳定,年径流量 604 亿 m³。6—10 月丰水期径流量占全年径流量的 77%,其洪水特点为峰低、量大、历时长。1965 年实测最大流量 11100 m³/s,1863 年历史最大洪峰流量为 16500 m³/s。

(2)岷沱江流域:岷江和沱江合称岷沱江流域。其中岷江为上游左岸的大支流,发源于岷山南麓,河长 735 km,高场以上流域面积约 135000 km²,在乐山附近分别纳入支流大渡河和青衣江,在宜宾注入长江。上游为青衣江和鹿头山暴雨区,暴雨洪水频繁,1961 年 6 月最大洪峰流量为 34100 m³/s,1917 年历史调查洪水为 51000 m³/s。岷江水量充沛,约占长江总水量的 1/10。沱江发源于四川盆地西北边缘鹿头山暴雨区的九顶山南麓,河长 702 km,李家湾以上流域面积约 23000 km²,在泸州汇入长江。洪水期间,岷江在灌县附近的分流于金堂附近流入沱江。沱江水量虽仅占长江总水量 1.6%,但 1948 年 7 月最大洪峰流量却达 18900 m³/s,1981 年 7 月洪峰流量为 15200 m³/s,故当其与岷江洪水在长江遭遇时,仍然构成对长江洪水威胁的严重局面。

(3)嘉陵江流域:上游左岸大支流,发源于陕西省秦岭南麓,河长 1120 km,北碚以上流域面积为 156000 km²,西支涪江和东支渠江在合川县附近汇入嘉陵江,干流在重庆注入长江;其水量约占长江总水量 8%。上游处于大巴山暴雨区,洪涝灾害不断发生,据统计,新中国成立以来约发生 10 次以上,尤以近年更为频繁。1981年 7 月北碚站最大洪峰流量达 44800 m³/s,1870 年历史调查洪水为 57300 m³/s。

(4)乌江流域:上游右岸大支流,发源于贵州省乌蒙山东麓,河长 1037 km,武隆以上流域面积 83000 km²,在涪陵注入长江,水量约占长江总水量 6%。武隆站实测最大洪峰流量 1964 年 6 月为 21000 m³/s。

(5)长江上游干流:宜宾以下,宜昌以上为长江上游干流,根据宜宾、寸滩、万州、宜昌等干流重要水位控制站分布,划分为宜宾至重庆、重庆至万州、万州至宜昌三大流域,其中三峡工程大江截流后,重庆至万州、万州至宜昌一般也合称重庆至宜昌流域。

三峡入库流量一般分三部分,即上游干流寸滩站入流,乌江武隆站入流以及干流区间产流。见图 1.6。

长江上游区域承雨面积约 100 万 km²,占长江全流域面积的 56%。多年平均径流量为 4510 亿 m³,占长江年均入海径流总量的 47%。年平均径流深约 1000 mm,平均径流系数为 0.51。以宜昌水文站观测资料为例,说明三峡坝区平均流量月变化状况,见表 1.1,入库径流主要在 5—10 月,占全年流量近 80%。

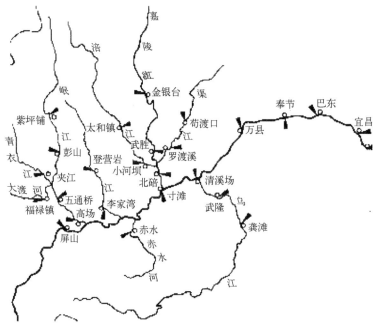

图 1.6　三峡水库上游主要控制性水文站

表 1.1　宜昌水文站流量月分布表

月份	平均流量（m³/s）	占年百分比（%）	实测最大和最小平均流量（m³/s）
1	4220	2.5	3380～6220
2	3950	2.0	3150～6280
3	4450	2.5	3060～6680
4	6710	3.8	3680～11800
5	11800	7.3	6770～18400
6	18600	10.4	9620～28000
7	30100	18.4	16800～45400
8	27900	17.0	12100～52200
9	26300	15.3	13600～48600
10	19300	11.3	10600～33000
11	10400	6.0	6370～15200
12	5970	3.5	3980～7600

1.2.2　流域水汽来源及主要水文参数

三峡水库上游流域夏季水汽的主要来源是孟加拉湾,部分水汽来自南海(图1.7),借助孟加拉湾低压槽前西南气流和副热带高压西侧的偏南气流,将水汽输送到三峡水库上游流域;冬季的水汽以西风输送为主,主要来自印度洋和孟加拉湾。在天气系统辐合、热力、地形动力共同作用下,形成降水,流域降水主要由流域外输入的水汽形成。

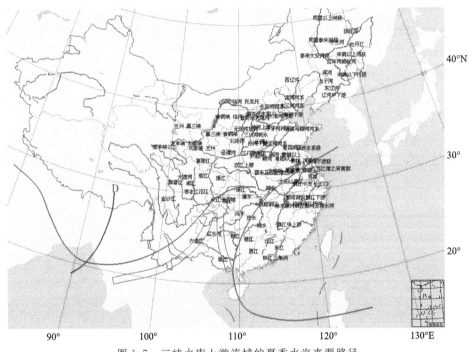

图 1.7　三峡水库上游流域的夏季水汽来源路径

流域径流基本属降雨径流,融水径流比重很小。降雨径流形成洪水,洪涝或干旱灾害的直接原因是降雨的多少;另一方面,流域的水系特征、自然地理等下垫面特征和气候条件相互制约,直接或间接地影响着暴雨洪水和干旱的时空分布。受大气环流形势和水汽条件的限制,约有 40 万 km² 范围的西部区域基本无暴雨,上游雨洪来源主要在高原东部的 60 万 km² 山区盆地的暴雨区(图1.8)。上游各流域集水面积、降水总量、平均雨深、径流量、径流系数等主要水文参数见表1.2。

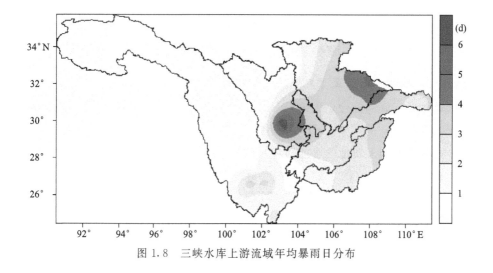

图 1.8　三峡水库上游流域年均暴雨日分布

表 1.2　流域主要水文分布参数表

地区	金沙江	岷沱江	嘉陵江	乌江	上游干流	上游统计
集水面积(万 km²)	49.05	16.61	15.96	8.84	10.09	100.6
降雨总量(亿 m³)	3296	1576	1494	1013	1175	8554
平均雨深(mm)	672	949	936	1146	1165	850
径流量(亿 m³)	1440	1011	704	495	740	4510
径流系数	0.44	0.64	0.47	0.49	0.63	0.51

多年统计计算表明,上游径流量以金沙江所占的比重最大,为 32.6%,其次为岷江 20%,干流区间和嘉陵江分别占 17.5% 和 15.6%。

根据历史记载和实测资料分析,长江上游洪水,在金沙江洪水的基础上,随着干、支流洪水不同遭遇情况而形成以下几种类型的洪水:

(1)以嘉陵江洪水为主并与重庆—宜昌区间洪水遭遇形成。如历史上的 1870 年洪水,北碚站洪峰流量 57300 m³/s,加上区间洪峰,宜昌洪峰流量达 105000 m³/s。

(2)上游各主要支流均发生大洪水,虽量级不大,但形成遭遇的洪水。如 1954 年洪水,各支流洪水遭遇,致使宜昌洪峰流量达 66800 m³/s。

(3)嘉陵江、岷江、沱江等北岸支流洪水相互遭遇形成的洪水。如 1981 年大洪水,岷江高场站 7 月 14 日洪峰流量 25900 m³/s,沱江李家湾 7 月 15 日洪峰流量 15200 m³/s,嘉陵江北碚站 7 月 16 日洪峰流量 44800 m³/s,三江洪水遭遇,寸滩 7 月 16 日洪峰流量 85700 m³/s,宜昌 7 月 18 日洪峰流量 70800 m³/s。

1.2.3　流域水能资源分布、储量及主要水电工程

1.2.3.1　流域水能资源

长江干支流水能理论蕴藏量为 2.68×10^8 kW,可开发量为 1.97×10^8 kW,年发电量 10270×10^8 kW·h,占全国可开发量的 53.4%。

宜昌以上的上游地区水能蕴藏量约占整个长江流域的 80%,而可开发的水能资源则占全流域的 87%,其中,金沙江水力资源丰富,蕴藏量达 1.124 亿 kW,是我国规划的具有重要战略地位的最大的水电基地。据勘测,整个金沙江流域可开发电站 757 座,其中干流电站 14 座,装机容量超过 1 亿 kW,水能丰富堪为世界之最。

如按水系划分,水能资源分布情况是:理论蕴藏量干流占 34.2%,支流占 65.8%;可开发量干流占 46%,支流占 54%。各支流水能资源的理论蕴藏量、可开发量占全流域量的比重分别为:雅砻江 12.6%、14.8%;岷江(含大渡河) 18.2%、16.3%;嘉陵江 5.7%、4%;乌江 3.9%、4%;洞庭湖水系 6.9%、5.5%;汉江 4.1%、2.4%;鄱阳湖水系 2.4%、1.8%。如按行政区划分:西部地区可能开发的水能资源为 143828 MW,占全流域的 72.9%,其中重庆、四川为 91660 MW,占该区的 64%;中部地区可能开发的水能资源为 52665 MW,约占全流域的 26.7%;东部地区可能开发的水能资源为 5609 MW,仅占全流域的 0.3%。

长江上游地形总落差约 5400 m。从河流自然特征看,多为高山峡谷型,河流几乎全部流经高山峡谷,河道比降陡,落差大,水量丰沛,蕴藏着极为丰富的水能资源,如金沙江、雅砻江、大渡河、乌江、沅江等,大多有较好的地质、地形条件,水头高,容量大,淹没小,这类河流在全流域水能开发中占有极其重要的地位。水量丰富,相对稳定。长江的径流量主要由降雨形成,流域平均年降水量约 1067 mm。径流的分布与降水相应。从干支流主要测站看,径流的年际变化比较稳定,年径流变差系数除少数支流外,一般比其他流域小。

宜宾至宜昌的干流区间为著名的暴雨区。区间暴雨径流来势迅猛,且常与上游下传的洪峰相遭遇,大大加剧了宜昌水位的涨势。例如 1982 年 7 月一次暴雨,万县至宜昌区间峰量达 18000 m³/s。抬高宜昌水位约 3 m,因此,对于三峡和葛洲坝水利枢纽的安全度汛,其径流来量是不可忽视的。

长江上游流域共有 5 个大型水电基地,分别是:金沙江(石鼓—宜宾)、长江上游干流(宜宾—宜昌)、雅砻江(两河口—河口)、大渡河(双河口—铜街子)和

乌江干流(洪家渡—涪陵)水电基地。

1.2.3.2 在建和规划水电工程

【三峡工程】位于长江干流三峡河段下段西陵峡的湖北省宜昌三斗坪,下距葛洲坝水利枢纽工程 38 km。控制流域面积 100 万 km²,占全流域面积的56%。坝址处多年平均流量 14300 m³/s,年平均径流量 4530 亿 m³。控制了长江宜昌以上的全部洪水,集中了川江河段的大部分落差。开发任务主要是防洪、发电、航运及旅游、养殖、供水等,是综合治理和开发长江的关键工程。

【虎跳峡工程】位于云南省丽江县境内,地处金沙江干流石鼓下游 45 km的峡谷内。坝址控制流域面积 21.8 万 km²,多年平均流量 1370 m³/s,多年平均径流量 432 亿 m³。上峡口有公路与云南省下关衔接,下峡口有简易公路通丽江。开发任务以发电为主,兼顾防洪、航运、漂木。规划水库正常蓄水位1950 m,库容 181.6 亿 m³,其中兴利库容 106.1 亿 m³,防洪库容 40 亿 m³。水电站最大发电水头 343.7 m,装机容量 600 万 kW,多年平均发电量 302.9亿 kW·h。

【洪门口工程】位于云南省永胜县境内金沙江干流上。坝址控制流域面积23.93 万 km²,多年平均流量 1680 m³/s,多年平均径流量 511 亿 m³。开发任务以发电为主,兼顾防洪、航运、漂木。规划水库正常蓄水位 1600 m,库容 67.2亿 m³,其中兴利库容 35.4 亿 m³,防洪库容 35.4 亿 m³。电站装机容量 375万 kW,保证出力 118 万 kW,年发电量 187.9 亿 kW·h。

【梓里工程】位于云南省丽江与永胜境内金沙江干流上。坝址控制流域面积 23.93 万 km²,多年平均流量 1680 m³/s,多年平均径流量 530 亿 m³。开发任务以发电为主,兼顾防洪、航运、漂木。规划水库正常蓄水位 1400 m,库容 14.9亿 m³,其中兴利库容 4.9 亿 m³,防洪库容 4.9 亿 m³。电站装机容量 208万 kW,保证出力 49 万 kW,年发电量 105.9 亿 kW·h。

【皮厂工程】位于云南省宾川县境内金沙江干流上。坝址控制流域面积24.73 万 km²,多年平均流量 1750 m³/s,多年平均径流量 552 亿 m³。开发任务以发电为主,兼顾防洪、航运、漂木。规划水库正常蓄水位 1280 m,库容 88.2亿 m³,其中兴利库容 27.9 亿 m³,防洪库容 27.9 亿 m³。电站装机容量 270万 kW,保证出力 80 万 kW,年发电量 136.5 亿 kW·h。

【观音岩工程】位于四川省攀枝花市金沙江干流上。坝址控制流域面积25.79 万 km²,多年平均流量 1800 m³/s,多年平均径流量 568 亿 m³。开发任务以发电为主,兼顾防洪、航运、漂木。规划水库正常蓄水位 1150 m,库容 54.2

亿 m³,其中兴利库容 21.7 亿 m³,防洪库容 21.7 亿 m³。电站装机容量 280 万 kW,保证出力 78 万 kW,年发电量 143.3 亿 kW·h。

【乌东德工程】位于四川省会东县、云南省禄劝县境金沙江干流上。坝址控制流域面积 40.61 万 km²,多年平均流量 3680 m³/s,多年平均径流量 1170 亿 m³。开发任务以发电为主,兼顾防洪、航运、漂木。规划水库正常蓄水位 950 m,库容 39.4 亿 m³,其中兴利库容 22 亿 m³,防洪库容 22 亿 m³。电站装机容量 560 万 kW,保证出力 146 万 kW,年发电量 279.4 亿 kW·h。

【白鹤滩工程】位于云南省巧家县和四川省宁南县境,金沙江干流三滩村至白鹤村的峡谷内。坝址控制流域面积 43 万 km²、多年平均流量 4060 m³/s。地形为两岸对称的 V 形河谷。库区出露岩层以沉积岩为主。开发任务以发电为主,兼顾防洪、航运、漂木。规划水库正常蓄水位 820 m,库容 193.8 亿 m³。电站装机容量 996 万 kW,保证出力 324 万 kW,年发电量 519.7 亿 kW·h。是金沙江水电基地的主要梯级。

【溪落渡工程】为规划工程。位于云南省永善县和四川省雷波县境内金沙江干流上。坝址控制流域面积 45.4 万 km²,多年平均流量 4610 m³/s。开发任务以发电为主,兼顾防洪、航运。规划水库正常蓄水位为 600 m,库容 120.7 亿 m³,其中兴利库容 48 亿 m³,防洪库容 48 亿 m³。电站装机容量 1144 万 kW,保证出力 354 万 kW,年发电量 589 亿 kW·h。

【向家坝工程】位于四川省宜宾县和云南省盐津县,下距宜宾 35 km,是金沙江干流最下一级工程。坝址控制流域面积 45.88 万 km²,多年平均流量 4610 m³/s。坝址区位于向家坝至新滩坝之间长 8 km 的峡谷内。两岸山高 400~500 m 以上。规划水库正常蓄水位 385 m,库容 54.4 亿 m³,其中兴利库容 10 亿 m³。电站装机容量 600 万 kW,保证出力 149 万 kW,年发电量 305.2 亿 kW·h。上游梯级建成后,联合运转时保证出力可提高到 292 万 kW,年发电量可提高到 331.3 亿 kW·h。可改善宜宾至溪落渡之间的航道状况,兼有防洪、航运等综合效益。

【石棚工程】位于四川省泸州市境内长江干流上,为宜宾至宜昌河段的最上一级水利水电工程。坝址控制流域面积 64.6 万 km²,多年平均流量 8100 m³/s。开发任务为发电、航运等。规划水库正常蓄水位 265 m,回水至宜宾与岷江偏窗子水利水电工程相衔接,库容 30.8 亿 m³,电站装机容量 213 万 kW,年发电量 126 亿 kW·h。

【朱扬溪工程】位于四川省江津县境内长江干流上,下距重庆市约 120 km。

开发任务为发电、航运。坝址控制流域面积 69.5 万 km², 多年平均流量 8640 m³/s。规划水库正常蓄水位 230 m, 库容 28 亿 m³。电站设计装机容量 190 万 kW, 保证出力 68 万 kW, 年发电量 112 亿 kW·h。可改善长江航道里程约 120 km。

【小南海工程】位于四川省巴县境内长江干流上, 在朱扬溪与三峡两水利水电工程之间。坝址控制流域面积 70.4 万 km², 多年平均流量 8700 m³/s。开发任务为航运、发电。规划水库正常蓄水位 195 m, 库容 22.2 亿 m³。电站装机容量 100 万 kW, 保证出力 35 万 kW, 年发电量 40 亿 kW·h。

第2章

三峡水库上游流域气候特征

通过对三峡水库上游流域降水量、降水日以及相对湿度、气温、最高气温、最低气温、日较差、风速、日照时数和日照百分率时空的分布情况,分析其时空分布特征,揭示流域的气候特征。

2.1 资料与方法

2.1.1 资料来源

收集长江上游流域国家基准站、基本站、一般站共 64 站,自 1971 年到 2010 年的日和月降水、降水日数、暴雨日数、平均气温、日高温、日低温、平均相对湿度、风速、日照时数、日照百分率等相关资料。

资料年限:1971—2010 年。

常年降水统计年限:1971—2000 年,共 30 年。

其他要素统计年限:1971—2010 年,共 40 年。

气象站类型及数量:选取了流域内分布较均匀的、有代表性的国家基准站、基本站、一般站共 64 站,其中降水统计 63 站。

要素:日降水量、月降水量、降水日数(≥0.1 mm)、暴雨日数、月均气温、月均高温、月均低温、月均相对湿度、平均风速、月日照时数、日照百分率。

2.1.2 资料预处理

由于资料量大,对历史资料进行了预处理,其处理原则如下:

缺测处理:缺测资料一般去掉该样本,或插值处理。

奇异值处理:超过正常范围的值,一般去掉该样本。

微量降水处理:不足 0.1 mm 的微量降水,作为 0.01 mm 降水处理。

特殊降水处理:含雪、雨夹雪、雨雪混合、雾露霜等特征值降水,全部转换为纯降水。

(1)参与降水统计的三峡上游流域气象资料站点分布(共 63 站),见图 2.1。

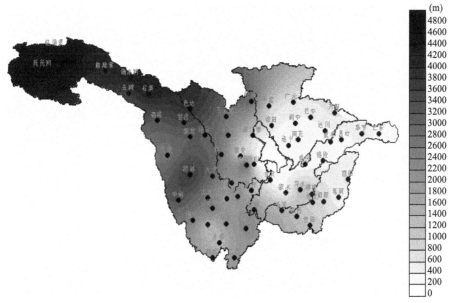

图 2.1　参与降水统计的三峡上游流域气象资料站分布(共 63 站)

(2)参与其他要素统计的三峡上游流域气象资料站点分布(共 64 站),见图 2.2。

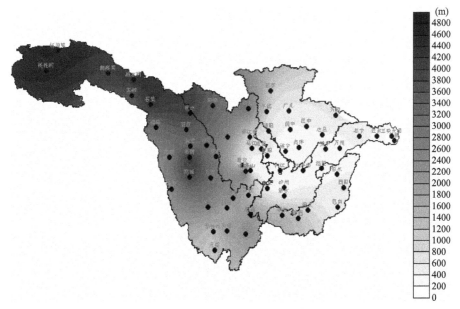

图 2.2　参与其他要素统计的三峡上游流域气象资料站分布(共 64 站)

2.1.3 计算方法

流域面平均降水的计算主要基于 2 种方法:泰森多边形法和算术平均法。

(1)泰森多边形法:

$$\overline{P} = \frac{1}{A}\int_c P \cdot dc = \sum_{i=1}^{n} c_i \cdot p_i \Big/ \sum_{i=1}^{n} c_i \qquad (2\text{-}1)$$

式中,c_i 为流域中泰森多边形的面积,p_i 为泰森多边形中代表站的雨量,n 为泰森多边形个数,A 为流域总面积。

(2)算术平均法:

$$\overline{P} = \frac{1}{n} \sum_{i=1}^{n} p_i \qquad (2\text{-}2)$$

式中,p_i 为流域气象站的雨量,n 为雨量站个数

如果流域站点分布均匀,则上述 2 种方法计算出的平均面雨量差值不大。本项目选取的流域代表站分布均匀,采用算术平均法计算面平均值。

$$\overline{P_l} = \frac{1}{n \times m} \sum_{j=1}^{n} \sum_{i=1}^{m} R_{ij} \qquad (2\text{-}3)$$

式中,m 为资料年数,n 为流域内站数,R_{ij} 为流域内站点的年(月、季)降水量。$\overline{P_l}$ 为流域面平均值。

流域其他气象要素的面平均也采用上述方法。

2.2 三峡水库上游流域降水量分布特征

2.2.1 流域降水量年平均分布特征

利用以上方法计算三峡上游全流域及金沙江、岷沱江、嘉陵江、乌江、宜宾到重庆、重庆到宜昌等子流域 30 年面平均值(表 2.1)。三峡水库上游流域年平均降水量为 911 mm。上游各大支流年均降水量分别为:金沙江(含雅砻江)711 mm,岷沱江(含大渡河、青衣江)1051 mm,嘉陵江(含涪江、渠江)997 mm,乌江(含赤水河)1078 mm,宜宾到重庆 1012 mm,重庆到宜昌 1162 mm。雨量由高到低顺序:重庆到宜昌、乌江、岷沱江、宜宾到重庆、嘉陵江、金沙江。

表 2.1　三峡上游流域 1971—2000 年 30 年面平均降水量　　　（单位:mm）

子流域	金沙江	岷沱江	嘉陵江	乌江	宜宾—重庆	重庆—宜昌	三峡水库上游流域
面雨量(mm)	711	1051	997	1078	1162	1012	911

2.2.1.1　流域年平均降水量空间分布特征

降水量地区分布很不均匀,主雨带呈东南—西北走向,总的趋势是:由东南向西北递减,山区多于平原,迎风坡多于背风坡。金沙江上游年降水量小于400 mm,属于干旱带;金沙江中游、岷沱江上游年降水量 400～800 mm,属于半湿润带;流域其他地区年降水 800 mm 以上,属于湿润带;年降水量大于1600 mm 的特别湿润带,主要位于川西盆地(图 2.3)。

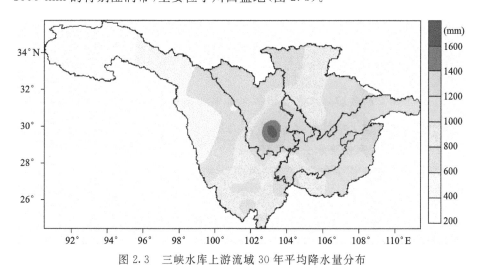

图 2.3　三峡水库上游流域 30 年平均降水量分布

流域有 2 个降水中心,分别位于川西峨眉山、雅安和四川万源到乌江东部;年降水量达 1600 mm 以上的多雨区分布在川西盆地的峨眉山(1727 mm)、雅安(1665 mm),范围较小,为流域最强降水中心,主要与迎风坡地形作用有很大关系。

2.2.1.2　流域年平均降水量时间分布特征

降雨年内变化较大,季风气候特征明显。5 月开始降水逐月增多,7 月到达全年降水峰值,以后逐月减少,11 月以后进入冬季降水稀少期。夏季 5—9 月年均降水量 756 mm,集中了三峡水库上游流域年降水量的 70%;冬季 12 月至次年 2 月只有 44 mm,占全年 4%;春、秋季节降水共占全年 26%(图 2.4)。

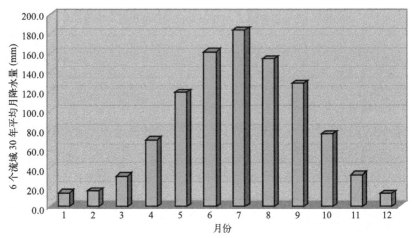

图 2.4　三峡水库上游流域 30 年平均各月降水量分布

2.2.2　流域降水量月平均分布特征

三峡水库上游流域降水主要集中在每年的 4—10 月,对降水集中期的流域降水分布特征进行了逐月分析。

2.2.2.1　流域 4 月份降水分布特征

在 4 月三峡水库上游流域降水逐渐向汛期过渡,乌江东部、干流中部降水增大,降水带呈东南—西北走向,雨带位于乌江中下游、干流中部,降水中心110 mm 左右。峨眉山降水中心范围小,主要是地形因素引起,金沙江仍处冬季,降水稀少(图 2.5)。

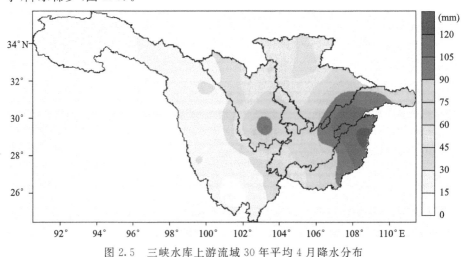

图 2.5　三峡水库上游流域 30 年平均 4 月降水分布

2.2.2.2 流域 5 月份降水分布特征

在 5 月,三峡水库上游流域东南部的降水范围和强度明显增大,雨带位于乌江和干流中下游,中心雨量 170 mm。金沙江流域有 50 mm 左右的降水,开始进入湿季(图 2.6)。

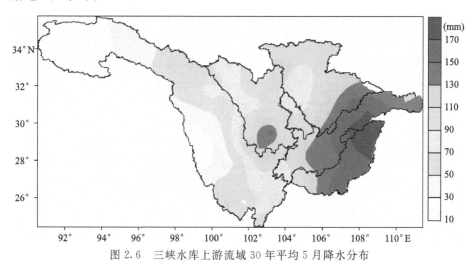

图 2.6 三峡水库上游流域 30 年平均 5 月降水分布

2.2.2.3 流域 6 月份降水分布特征

三峡水库上游流域 6 月份的降水带呈东南—西北走向,2 个降水中心分别在流域东南的乌江、干流中下游和金沙江、岷沱江下游,降水强度增加到 220 mm。随着副高的北抬西伸,南部转受西南暖湿气流控制,流域自东南到西北开始进入汛期(图 2.7)。

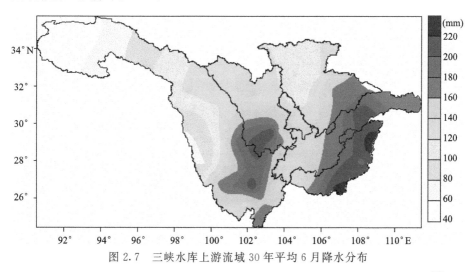

图 2.7 三峡水库上游流域 30 年平均 6 月降水分布

2.2.2.4　流域 7 月份降水分布特征

7 月是三峡水库上游流域主要的降水月份,主要降水带呈西南—东北走向,位于流域中部,体现出明显汛期降水特征;有 3 个降水中心,分别位于川西盆地、嘉陵江东部万源和金沙江下游,中心值 330 mm,川西峨眉山仍是最大降水中心(图 2.8)。

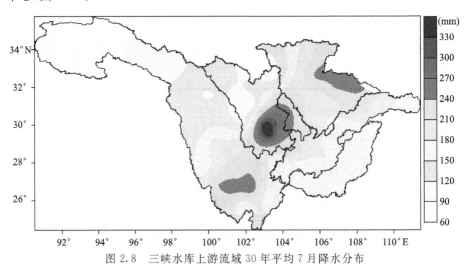

图 2.8　三峡水库上游流域 30 年平均 7 月降水分布

2.2.2.5　流域 8 月份降水分布特征

三峡水库上游流域 8 月份的降水带呈西南—东北走向,位于流域中部,中心仍位于川西峨眉山一带,属典型的副热带高压西北边缘的"秋汛期"降水,平均 200 mm 左右(图 2.9)。

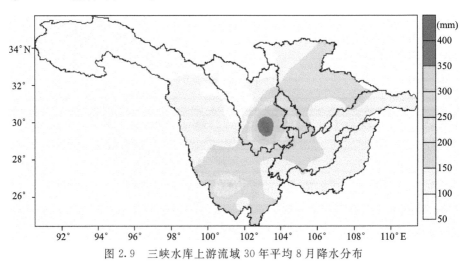

图 2.9　三峡水库上游流域 30 年平均 8 月降水分布

2.2.2.6 流域 9 月份降水分布特征

与 8 月降水带分布形态一致,三峡水库上游流域 9 月份的降水带也呈西南—东北走向,但降水量减少,平均 160 mm,仍然为"秋汛期"降水,金沙江流域平均 100 mm(图 2.10)。

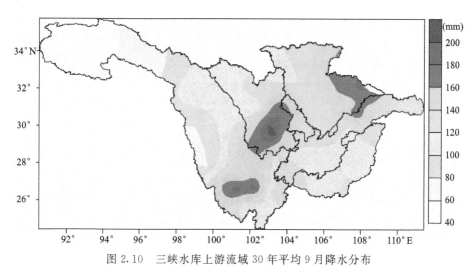

图 2.10　三峡水库上游流域 30 年平均 9 月降水分布

2.2.2.7 流域 10 月份降水分布特征

10 月,降水退致三峡水库上游流域东南部,且明显减弱,有 2 个降水中心,1 个位于川西到金沙江西南部,1 个位于重庆—宜昌干流和乌江东部,但月降水量降到 100 mm 以下。金沙江上中游降水稀少,逐步进入干季(图 2.11)。

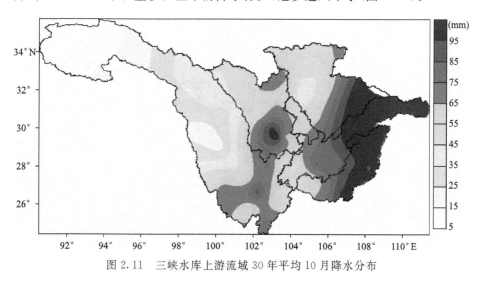

图 2.11　三峡水库上游流域 30 年平均 10 月降水分布

2.2.3 各子流域降水量时间分布特征

2.2.3.1 金沙江流域月降水分布

金沙江流域从 6 月份开始进入了降水集中期,7 月达到降水高峰,8 月后逐月减少,10 月降水骤减,11 月以后进入漫长少雨的冬季,一直到次年 5 月,降水都很少,且主要是雨雪或纯雪。年降水集中在 6—9 月,占全年 76%,且主要是金沙江下游流域降水贡献,年内其他月只占 24%(图 2.12)。

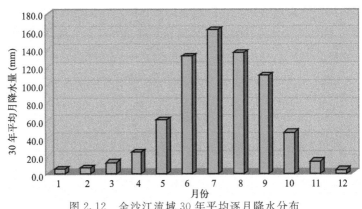

图 2.12 金沙江流域 30 年平均逐月降水分布

2.2.3.2 岷沱江流域月降水分布

岷沱江流域从 5 月份开始进入降水集中期,7—8 月达到降水高峰,降水高峰期较长,9 月后逐月减少,秋季 10 月降水骤减,11 月以后进入漫长冬季,一直到次年 4 月,降水都很少。年降水集中在 5—9 月,占全年 79%,年内其他月占 21%(图 2.13)。

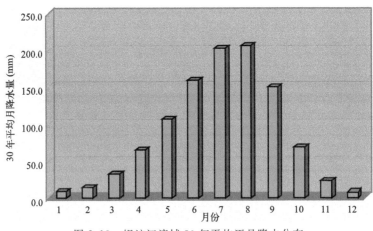

图 2.13 岷沱江流域 30 年平均逐月降水分布

2.2.3.3 嘉陵江流域月降水分布

嘉陵江流域从 5 月份开始进入降水集中期,7 月达到降水高峰,8 月后逐月减少,秋季 10 月降水骤减,11 月以后进入冬季,一直到次年 3 月,降水都很少。年降水集中在 5—9 月,占全年 77％,年内其他月占 23％(图 2.14)。

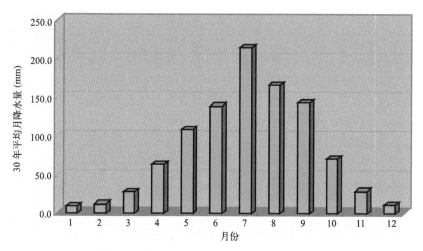

图 2.14 嘉陵江流域 30 年平均逐月降水分布

2.2.3.4 乌江流域月降水分布

乌江流域从 5 月份开始进入降水集中期,6 月达到降水高峰,7 月后逐月均匀减少,11 月一直到次年 3 月,降水都很少。年降水集中在 5—9 月,占全年 70％,年内其他月占 30％(图 2.15)。

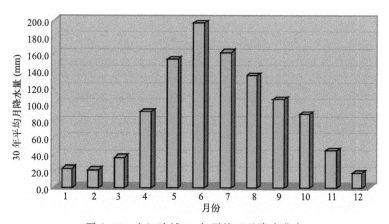

图 2.15 乌江流域 30 年平均逐月降水分布

2.2.3.5　宜宾—重庆流域月降水分布

宜宾—重庆流域从5月份开始进入降水集中期,7月达到降水高峰,8月后逐月均匀减少,11月一直到次年3月,降水都很少。年降水集中在5—9月,占全年71%,年内其他月占29%(图2.16)。

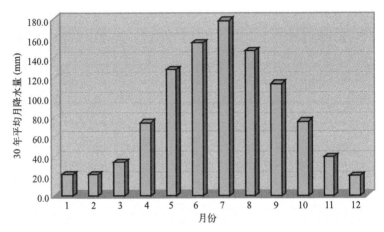

图2.16　宜宾—重庆流域30年平均逐月降水分布

2.2.3.6　重庆—宜昌流域月降水分布

重庆—宜昌流域从4月份开始逐渐进入降水集中期,6月达到降水高峰,7月降水次高峰,8—10月降水较均匀,11月一直到次年3月,降水都很少。年降水集中在4—10月,占全年87%,年内其他月占13%(图2.17)。

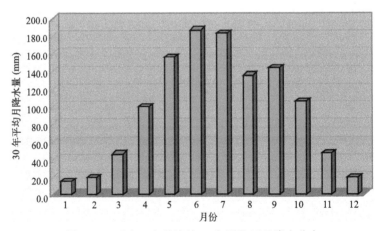

图2.17　重庆—宜昌流域30年平均逐月降水分布

2.2.4 各子流域汛期降水

分析金沙江、岷沱江、嘉陵江、乌江、宜宾—重庆、重庆—宜昌各流域汛期降水分布总体特征:首先是重庆—宜昌最早于 4 月份进入多雨季,接着是乌江、宜宾—重庆、岷沱江、嘉陵江于 5 月份进入多雨季,最后是金沙江于 6 月进入多雨季,8 月底到 10 月上中旬的降水主要是"秋汛"降水,除重庆—宜昌 10 月还处在多雨季外,10 月以后其他流域基本进入少雨季。总体上降水是自东到西、自南到北逐步增强,然后自西北到东南逐步减弱,见表 2.2。

表 2.2 上游各子流域汛期降水分布特征参数 （单位:mm）

子流域	汛期降水开始月		降水高峰月		降水集中月		
	月份	降水量	月份	降水量	月份	集中降水量	占全年比
金沙江	6	132	7	162	6—9	540	76.00%
岷沱江	5	107	7—8	203~206	5—9	826	79.00%
嘉陵江	5	109	7	215	5—9	772	77.00%
乌江	5	154	6	197	5—9	753	70.00%
宜宾—重庆	5	129	7	178	5—9	723	71.00%
重庆—宜昌	4	101	6—7	187~184	4—10	1012	87.00%

注:月降水量达到 100 mm 以上,纳入降水集中期统计月。

2.2.5 各子流域逐月降水分布曲线

上半年各流域降水逐月增多,4 月曲率增大,经过 7—8 月的高峰降水后,逐月下降,乌江、重庆—宜昌 6 月达到全年降水峰值,宜宾—重庆、嘉陵江、岷沱江、金沙江 7 月达到全年降水峰值,岷沱江 8 月降水仍处峰值。总体上各流域降水呈现两头低、中间高的单峰曲线分布(图 2.18)。

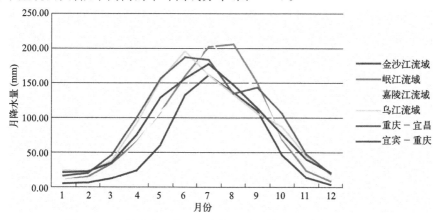

图 2.18 三峡水库上游六大流域 30 年平均逐月降水分布曲线

2.3 三峡水库上游流域降水日分布特征

为了对三峡水库上游流域降水情况进行进一步分析,从降雨日数以及暴雨日数的分布情况进行统计分析。其中降雨日按 24 h 日降水量(20 时—20 时)大于等于 0.1 mm 记为一个降水日;暴雨日按 24 h 日降水量(20 时—20 时)大于等于 50 mm 记为一个暴雨日。

2.3.1 流域降水日年平均分布特征

年降水日数是全年日降水量≥0.1 mm 天数的多年平均值。三峡水库上游流域年平均降水日 148 d,年降水日由多到少的次序:岷沱江流域、乌江流域、上游干流(宜宾—重庆、重庆—宜昌,下同)、金沙江流域、嘉陵江流域。岷沱江流域、乌江流域年降水日数超过 160 d;上游干流流域年降水日数一般在 150 d 以上;年降水日数较少是金沙江流域、嘉陵江流域,流域部分地区年降水日数不足 100 d。

表 2.3　三峡水库上游流域年均降雨日数　　　　　　　(单位:d)

子流域	金沙江	岷沱江	嘉陵江	乌江	上游干流	三峡水库上游流域
年均降雨日数	133.8	169.0	131.8	164.3	151.9	148.0

2.3.2 流域降水日空间分布特征

由降水日空间分布图可见:200 d 以上的多降水日带呈东南—西北走向,覆盖岷沱江下游、长江上游干流及乌江上游流域,中心位于川西盆地,位于岷沱江的四川雅安、峨眉山一带年降水日数最多,俗称"天漏",分别为 211 d 和 251 d;流域西部、北部、东北部降水日较少,金沙江北部低于 120 d,岷沱江、上游干流和乌江大部在 160～200 d,其他大部在 120～160 d。金沙江流域降水日分布与横断山谷走向一致(图 2.19)。

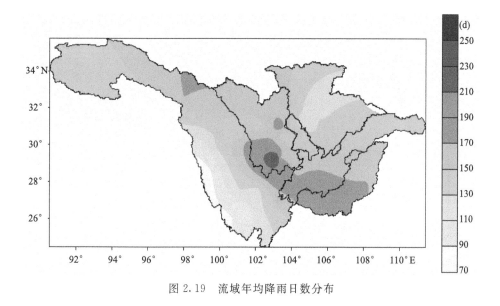

图 2.19　流域年均降雨日数分布

2.3.3　流域暴雨日年平均分布特征

三峡水库上游流域多年平均暴雨日数为 2.44 d,年暴雨日由多到少次序:嘉陵江流域、上游干流流域、岷沱江流域、乌江流域,金沙江年均只有 0.50 d。

表 2.4　三峡水库上游流域年均暴雨日数　　　　　　　　(单位:d)

流域	金沙江	岷沱江	嘉陵江	乌江	上游干流	三峡水库上游流域
年均暴雨日	0.50	2.60	3.40	2.60	3.10	2.44

年暴雨日分布:多暴雨日带自川西盆地到川东。长江上游有 2 个多暴雨地区,其多年平均年暴雨日数均在 4 d 以上,按范围大小依次是:①川西暴雨区:以四川雅安、峨眉山为中心,年均暴雨日数在 6 d 以上;②大巴山暴雨区:以四川万源和巴中为中心,暴雨日数 4 天以上。金沙江上中游和岷沱江上游流域年均暴雨日在 1 d 以下;7—8 月为暴雨多发期,两月暴雨日数可占全年的 80%(图 2.20)。

三峡上游年暴雨日数分布呈东多西少,中间最多,各站年暴雨日数在 0～6.6 d(雅安)之间变化。年暴雨日数较高的地区主要分布在岷沱江南部和嘉陵江东部,年均 5 d 以上,较低的地区分布在金沙江大部和岷沱江北部,年均不到 1 d,其他大部分为 1～5 d。

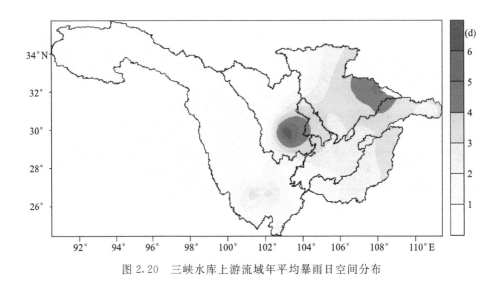

图 2.20　三峡水库上游流域年平均暴雨日空间分布

　　三峡上游各站暴雨强度在 50.0 mm/d(稻城)至 86.9 mm/d(乐山)之间变化。暴雨强度较高的地区主要分布在岷沱江和嘉陵江南部,在 80 mm/d 以上,较低的地区分布在金沙江南部,小于 60 mm/d,其他大部在 60～80 mm/d(图 2.21)。

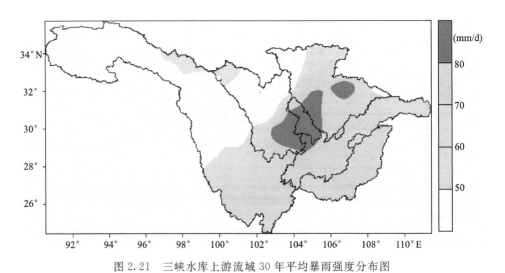

图 2.21　三峡水库上游流域 30 年平均暴雨强度分布图

2.4 三峡水库上游流域其他要素分布特征

2.4.1 相对湿度空间分布特征

三峡水库上游流域多年平均相对湿度 71.0%,全年平均相对湿度自高到低依次为:乌江流域(78.9%)、上游干流流域(78.7%)、嘉陵江流域(76.1%)、岷沱江流域(73.9%)、金沙江流域(59.4%)。常年相对湿度大小是衡量一地区年水汽含量重要指标,除金沙江流域以外,整个流域年均湿度均较大,水汽含量丰富。在巴塘至得荣地区,相对湿度不到 50%,是长江流域最干的地区。

表 2.5 三峡水库上游流域年均相对湿度　　　　　　(单位:d)

流域	金沙江	岷沱江	嘉陵江	乌江	上游干流	三峡水库上游流域
年均相对湿度	59.4%	73.9%	76.1%	78.9%	78.7%	71.0%

流域水汽由东南向西北递减。上游干流、乌江、岷沱江下游、嘉陵江下游流域年均相对湿度超过 80%,高湿度中心位于雅安、峨眉山一带,接近 85%,这也与流域降水中心、暴雨中心吻合较好。金沙江、岷沱江上游是低湿度区(图2.22)。

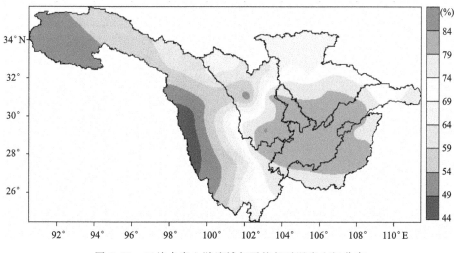

图 2.22 三峡水库上游流域年平均相对湿度空间分布

2.4.2 气温空间分布特征

三峡水库上游流域年平均气温12.4℃,全年平均气温自高到低依次为:上游干流(17.6℃)、嘉陵江(16.3℃)、乌江(15.5℃)、岷沱江(11.5℃)、金沙江(8.2℃),其中,上游干流、嘉陵江、乌江三流域的气温具有副热带季风气候特征,金沙江北部全年气温低。

表 2.6　长江上游流域年均气温分布　　　　　　　　　　(单位:℃)

流域	金沙江	岷沱江	嘉陵江	乌江	上游干流	三峡水库上游流域
年均气温	8.2	11.5	16.3	15.5	17.6	12.4

年平均气温呈东高西低、南高北低的分布趋势,中下游地区高于上游地区,江南高于江北。上游干流、嘉陵江流域、乌江流域、岷沱江东南、金沙江下游是气温较高区域,18℃左右;江源地区、金沙江上中游、岷沱江西北是三峡水库上游流域气温最低的地区,流域北部气温分布呈纬向特征。三峡水库上游流域有2个高温中心,分别位于金沙江下游西南部和长江干流;除川西峨眉山山区气温低外,流域中、下游的高温区与高湿区、雨区对应较好(图 2.23)。

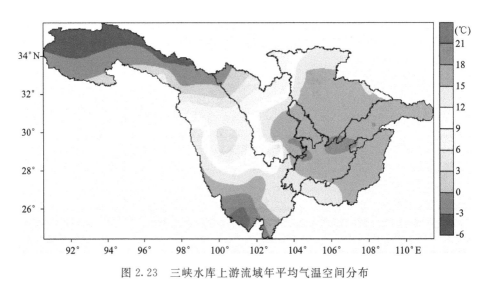

图 2.23　三峡水库上游流域年平均气温空间分布

2.4.3 最高气温空间分布特征

三峡水库上游流域年平均高温 18.3℃,自高到低依次为:上游干流(21.8℃)、嘉陵江流域(20.9℃)、乌江流域(19.9℃)、岷沱江流域(17℃)、金沙江流域(15.8℃),岷沱江以西为高山高原地区,高温较低,夏季特征不明显,流域东、西高温差为 6℃。

表 2.7　三峡水库上游流域年均高温　　　　　　　　　　(单位:℃)

子流域	金沙江	岷沱江	嘉陵江	乌江	上游干流	三峡水库上游流域
年均最高气温	15.8	17	20.9	19.9	21.8	18.3

年均高温南部高于北部,东部高于西部,有两个高温中心,分别在金沙江下游西南部(平均 26℃)和流域中东部(22℃);西部高原高山区气温低,金沙江、岷沱江上游高温梯度分布具纬向特征;雅安、峨眉山高温低,因此,雅安、峨眉山的强降水机制主要是由地形动力作用导致的(图 2.24)。

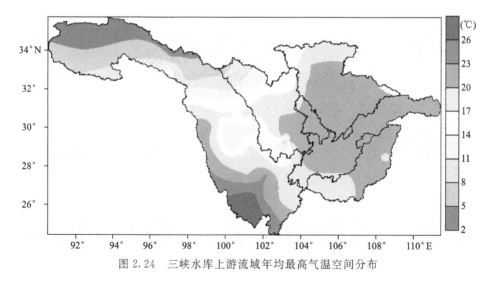

图 2.24　三峡水库上游流域年均最高气温空间分布

2.4.4 最低气温空间分布特征

三峡水库上游流域年平均最低温 8.1℃,年平均最低气温自低到高的次序:金沙江流域(2.4℃)、岷沱江流域(7.6℃)、乌江流域(12.4℃)、嘉陵江流域(12.9℃)、上游干流(14.5℃)。流域东部低温比同纬度高,体现出盆地和山区气候特征,低温不低、冬无严寒,金沙江及岷沱江上游低温低,具高原气候特征,东西部最低气温相差12℃。

表2.8 三峡水库上游流域年均最低温 （单位:℃）

子流域	金沙江	岷沱江	嘉陵江	乌江	上游干流	三峡水库上游流域
年均最低气温	2.4	7.6	12.9	12.4	14.5	8.1

流域低温东南与西北差异很大,金沙江上游年均低温在－10℃左右,呈现纬向梯度分布;东南部年均低温14℃左右,相差24℃(图2.25)。

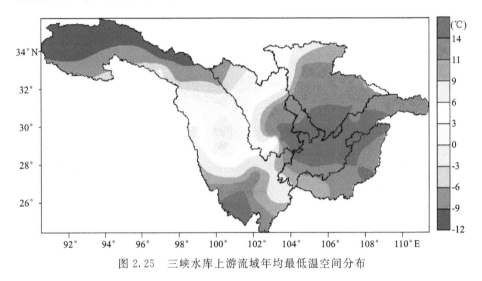

图2.25 三峡水库上游流域年均最低温空间分布

2.4.5 日较差空间分布特征

三峡水库上游流域气温日较差平均9.1℃,长江上游干流、乌江、嘉陵江流域气温日较差7～8℃,气温日较差较小,体现出明显山地气候特征;金沙江流域气温日较差达13℃以上,气温变化幅度大,体现出显著高原气候特征。

表2.9 三峡水库上游流域年均气温日较差 （单位:℃）

流域	金沙江	岷沱江	嘉陵江	乌江	上游干流	三峡水库上游流域
年均日较差	13.4	9.4	8	7.4	7.3	9.1

2.4.6 风速空间分布特征

三峡水库上游流域年平均风速 1.6 m/s,西部金沙江流域、岷沱江上游年均风速、极大风速都较大,年均风速 1.7～2.1 m/s,具高原气候特征;乌江、嘉陵江、上游干流风速较小,为 0.9～1.2 m/s。

表 2.10 三峡水库上游流域年均风速 （单位:m/s）

流域	金沙江	岷沱江	嘉陵江	乌江	上游干流	三峡水库上游流域
年均风速	2.1	1.7	1.1	0.9	1.2	1.6

大风速中心在金沙江上游,年均风速 4.4 m/s 左右,中、东部是低风速中心,年均风速在 1.4 m/s 左右,盆地和高山风速较小,风速东西差异近 3 m/s（图 2.26）。

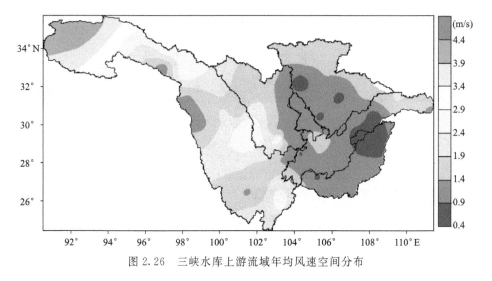

图 2.26 三峡水库上游流域年均风速空间分布

2.4.7 日照时数空间分布特征

三峡水库上游流域平均日照时数 1694.6 h,平均每天 4.64 h;金沙江流域高达 2331.5 h,平均每天 6.4 h,高日照与高海拔和纬度有关系,也与降水偏少有关系;最少的乌江流域日照时数 1085.8 h,平均每天 2.97 h,金沙江流域日照是乌江的 2.15 倍。

表 2.11　三峡水库上游流域年均日照时数　　　　　　　（单位：h）

流域	金沙江	岷沱江	嘉陵江	乌江	上游干流	三峡水库上游流域
年均日照时数	2331.5	1480.5	1303	1085.8	1246.1	1694.6

日照时数的分布自西向东减少，川西都江堰、雅安、成都年日照时数不足 1000 h，是阳光照耀最少的地方，但并不对应降雨量大值中心，说明阴天较多；乌江流域的彭水、酉阳也是日照时数低值区；金沙江流域日照多（图 2.27）。

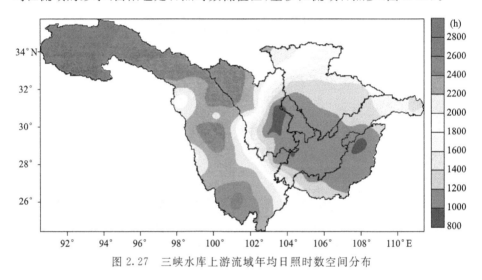

图 2.27　三峡水库上游流域年均日照时数空间分布

2.4.8　日照百分率空间分布特征

三峡水库上游流域平均日照百分率 35.9%，日照百分率最高的是金沙江流域，达 51.3%，说明金沙江流域阴天、雨天偏少，经常阳光高照；乌江流域最低，只有 22%，说明乌江流域阴雨天最多；其次是上游干流和嘉陵江流域，27% 左右。

表 2.12　三峡水库上游流域年均日照百分率　　　　　　（单位：%）

流域	金沙江	岷沱江	嘉陵江	乌江	上游干流	三峡水库上游流域
年均日照百分率	51.3	33.4	27.1	22.0	26.7	35.9

日照百分率总体上自西向东减少，有 2 个低值中心，分别位于川西盆地和乌江下游，这 2 个中心是流域内阴雨天比例最高的地方，但不是流域的降水中心（图 2.28）。

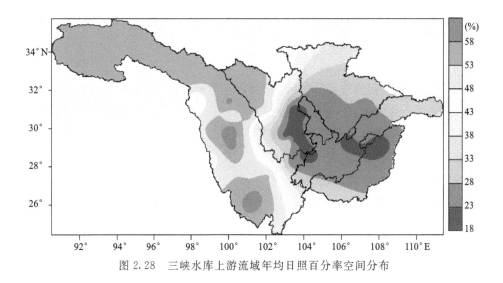

图 2.28　三峡水库上游流域年均日照百分率空间分布

2.5　三峡水库上游流域气候特征综述

三峡水库上游流域范围位于北纬 24°27′～35°54′,东经 90°33′～111°之间,在北半球的地理位置上,属于亚热带季风气候带范围内,但由于流域内东西南北地理、地形、地貌海拔高度的巨大差异。从前面的分析来看,三峡水库上游流域气候的地带性和垂直方向变化十分明显,东部和西部的差异很大。

2.5.1　流域总体气候特征

三峡水库上游流域有两个有显著差异的气候区,两个气候区的主要特征如下:

(1)高原季风气候区

主要位于金沙江上、中游流域,岷沱江上游流域。高耸的青藏高原与其四周大气之间的季节性热力差异而形成的高原季风气候,不同于东亚季风气候,它没有四季变化,仅有干季和湿季之分,其中 5—9 月为湿季,降水量占全年 90%～95%,10 月至次年 4 月为干季,降水量仅为全年的 5%～10%。

(2)亚热带季风气候区

除金沙江上、中游流域,岷沱江上游流域外的其他流域,总体上属于亚热带季风气候区。在形式上表现为冬半年和夏半年的盛行风向有明显差异,冬半年盛行偏北风,而夏半年盛行偏南风;偏北风与偏南风的季节转换是由于欧亚大陆与太平洋这两种不同性质的下垫面的热力差异导致的。冬季大陆为冷源,受西伯利亚—蒙古冷高压控制,吹干冷的偏北气流,海洋为热源,暖湿气流对大陆影响很小;夏季大陆为热源,海洋为冷源,地面环流转换为印度、孟加拉湾低压和西太平洋高压控制,暖湿气流从低压槽前和副高西侧流向内陆,在其前沿形成季风雨带。从春末到盛夏,雨带从南向北逐步推进,从盛夏到秋末,雨带又从北向南快速南退;4—10月为雨季,乌江流域4月进入雨季,6月出现降水高峰,四川盆地5月下旬前后进入雨季,7月为降水高峰,川西峨眉山形成流域暴雨中心,7月中旬后,随着副高向西北推进,季风雨带北推西移;8月下旬,副高南撤,自北到南进入秋汛期,出现“华西秋雨”,10月底结束,年降水1000~1600 mm,分布不均,总体上东多西少,有两个降水中心,川西峨眉山、雅安一带为流域最大降水中心,并向外递减,乌江东部到川东万源为第二大降水中心。季风活动对长江流域天气气候带来重大影响,从本质上看,旱涝变化是季风活动的异常导致的。

2.5.2 流域气候分区及特征

根据流域内水、热和光照条件的差异,大致可分为三大气候区,见图2.29。

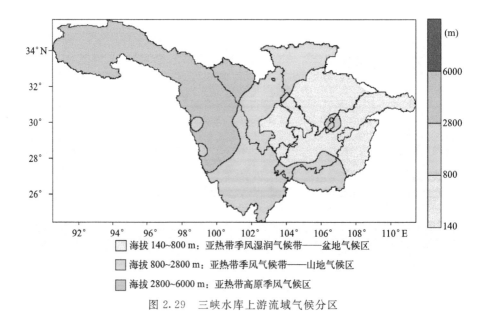

海拔140~800 m:亚热带季风湿润气候带——盆地气候区

海拔800~2800 m:亚热带季风气候带——山地气候区

海拔2800~6000 m:亚热带高原季风气候区

图2.29 三峡水库上游流域气候分区

(1)高原气候区

主要包括金沙江中上游流域、岷沱江上游(青海南部、青藏高原东部、川西北),平均海拔 3000～5000 m,高寒气候,高山草甸植被。该区海拔高差大,气候立体变化明显,从河谷到山脊依次出现亚热带、暖温带、中温带、寒温带、亚寒带、寒带和永冻带。河谷干暖,山地冷湿,冬寒夏凉,水热不足,年均温－6～9℃,年均低温－12～3℃,年均高温 2～17℃。云量少,天气晴朗,日照充足,年均日照 2200～3000 h,日照百分率高,年均 60%。气温年较差小,但日较差大,早寒午暖,四季不明显,但干湿季分明,年均相对湿度 40%～60%。降水量较少,无四季变化,全年有 7 个月(10 月至次年 4 月)为旱季,5 个月(5—9 月)为湿季,干季受干暖气流控制,蒸发量大,湿季处西南暖湿气流通道,蒸发量小,年降水量 200～600 mm,90%～95%的降水量集中在湿季,高原风速大,金沙江上游年均风速达 4 m/s,中下游 2 m/s。

(2)山地气候区

主要包括金沙江中、下游,横断山脉,岷沱江中上游、乌江上游流域、嘉陵江上游流域,川鄂山地,其特点是山高谷深,山河相间,平均海拔 1000～3000 m。川西南横断山脉山河呈南北走向,自东向西依次为岷山、岷江、邛崃山、大渡河、大雪山、雅砻江、沙鲁里山和金沙江,气候植物呈垂直分布,以高山针叶林和高山灌丛草甸为主,其河谷地区受焚风影响形成典型的干热河谷气候,山地形成显著的立体气候。乌江流域的大部分地区气候温和,冬无严寒,夏无酷暑,四季分明,常年雨量充沛,时空分布不均,多年平均年降水量大部分地区在 1100～1300 mm,川西峨眉山一带为流域内最大降水中心,均值达 1600 mm,最少值约为 850 mm,年降水量的地区分布趋势是南部多于北部,东部多于西部,光照条件较差,降雨日数川西峨眉山一带最多,年均达 200 d,南部少,年均 110～130 d,北部 150～170 d,年均相对湿度 60%～70%。日照时数西部高,平均 2200～2600 h,东部低,在 1200～1600 h,地势高差悬殊,天气气候特点在垂直方向差异较大,立体气候明显,有"一山有四季,十里不同天"的说法。

(3)盆地气候区

主要位于四川盆地,属中亚热带湿润气候区,包括四川盆地及周围山地、丘陵,盆地四周北部为秦岭,东部为米仓山、大巴山,南部为大娄山,西北部为龙门山、邛崃山等山地环绕,东部四川盆地是我国四大盆地之一,面积 16.5 万 km²。该区气候温暖湿润,冬暖夏热,雨量充沛,降水量东部多于西部,大部分地区年降水量 1000～1200 mm,年均降水日 170～190 d,4 月入汛,4—10 月为降水集中期,7 月中旬季风雨带北推,进入盛夏高温高湿少雨期,8 月底至 10 月进入秋汛期,具有春雨(4—5 月),夏雨(7 月)和秋雨(9—10 月)多重雨型,降水分布均匀。属亚热带湿润季风气候,植被为亚热带常绿阔叶林。农业利用方式为一年两熟制。盆地西部为川西平原,土地肥沃,为都江堰自流灌溉区,土地生产能力高;盆地中部为紫色丘陵区,海拔 400～800 m,地势微向南倾斜,岷江、沱江、嘉陵江从北部山地向南流入长江;盆地东部为川东平行岭谷区,分别为华蓥山、铜锣山、明月山。该区年均相对湿度 80% 左右,年均温 16～18℃,年均低温 12～15℃,年均高温 20～23℃,日均温≥10℃ 的持续期 240～280 d,积温达到 4000～6000℃·d,气温日较差小,年较差大,冬暖夏热,无霜期 230～340 d。盆地云量多,晴天少,全年日照时间较短,仅为 1000～1400 h,比同纬度的长江流域下游地区少 600～800 h,日照百分率只有 25% 左右,区内风速小,平均 1.0 m/s。

2.6　小结

(1)三峡水库上游流域年平均降水量为 911 mm。上游各大支流年均降水量为:金沙江 711 mm,岷沱江 1051 mm,嘉陵江 997 mm,乌江 1078 mm,干流宜宾到重庆 1012 mm,干流重庆到宜昌 1162 mm。雨量由高到低顺序:重庆到宜昌、乌江、岷沱江、宜宾到重庆、嘉陵江、金沙江。

(2)降水量地区分布很不均匀,主雨带呈东南—西北走向,总的趋势是:由东南向西北递减,山区多于平原,迎风坡多于背风坡。金沙江上游年降水量小于 400 mm,属于干旱带;金沙江中游、岷沱江上游年降水量 400～800 mm,属于半湿润带;流域其他地区年降水 800 mm 以上,属于湿润带;年降水量大于 1600 mm 的特别湿润带,主要位于川西盆地。

(3)流域有 2 个降水中心,分别位于川西和四川万源到乌江东部;年降水量达 1600 mm 以上的多雨区分布在川西盆地的峨眉山(1727 mm)、雅安(1665 mm),范围较小,为流域最强降水中心。

(4)降雨年内变化较大,季风气候特征明显。5 月开始降水逐月增多,7 月到达全年降水峰值,以后逐月减少,11 月以后进入冬季降水稀少期。夏季 5—9 月年均水量 756 mm,集中了上游流域年降水量的 70%;冬季 12 月至次年 2 月只有 44 mm,占全年 4%;春秋季节降水共占全年 26%。

(5)三峡水库上游流域年平均降水日 148 d。年降水日由多到少的次序:岷沱江流域、乌江流域、上游干流、金沙江流域、嘉陵江流域。位于岷沱江的四川雅安、峨眉山一带年降水日数最多,俗称"天漏",分别为 211 d 和 251 d。年降水日数次之的地区是乌江流域,年降水日数大多超过 160 d;上游干流流域年降水日数一般在 150 d 以上;年降水日数较少地区是江源地区、金沙江流域、嘉陵江流域,金沙江得荣、攀枝花地区年降水日数不足 100 d。

(6)多降水日带呈东南—西北走向,主要是岷沱江下游、上游干流及乌江上游流域,中心位于川西盆地;流域西部、北部、东北部降水日较少,金沙江流域降水日分布与横断山谷走向一致。

(7)三峡水库上游流域多年平均暴雨日 2.44 d,年暴雨日由多到少次序:嘉陵江流域、上游干流流域、岷沱江流域、乌江流域,金沙江年均只有 0.5 d。

(8)多暴雨日带自川西盆地到川东。长江上游有 2 个多暴雨地区,其多年平均年暴雨日数均在 4 d 以上,按范围大小依次为:①川西暴雨区,以四川雅安、峨眉山为中心,年均暴雨日数在 6 d 以上;②大巴山暴雨区,以四川万源和巴中为中心,年暴雨日数 4 d 以上。金沙江上中游和岷沱江上游流域年均暴雨日在 1 d 以下;7—8 月为暴雨多发期,两个月暴雨日数可占全年的 80%。

(9)三峡水库上游流域多年平均相对湿度 71%。全年平均相对湿度自高到低依次为:乌江流域(78.9%)、上游干流流域(78.7%)、嘉陵江流域(76%)、岷沱江流域(74%)、金沙江流域(59.4%)。除金沙江流域以外,整个流域年均湿度均较大,水汽含量丰富。在巴塘至得荣地区,相对湿度不到 50%,是长江流域最干的地区。

(10)流域水汽由东南向西北递减。上游干流、乌江、岷沱江下游、嘉陵江下游流域年均湿度超过 80%,高湿度中心位于雅安、峨眉山一带,接近 85%,这也与流域降水中心、暴雨中心吻合较好。金沙江、岷沱江上游是低湿度区。

(11)三峡水库上游流域年平均气温 12.4 ℃,全年平均气温自高到低依次为:上游干流(17.6 ℃)、嘉陵江(16.3 ℃)、乌江(15.5 ℃)、岷沱江(11.5 ℃)、金沙江(8.2 ℃),其中,上游干流、嘉陵江、乌江三流域的气温具有副热带季风气候特征,金沙江北部全年气温低。

(12)年平均气温呈东高西低、南高北低的分布趋势。长江上游干流、嘉陵江流域、乌江流域、岷沱江东南、金沙江下游是气温较高区域,18 ℃ 左右;金沙江上中游、岷沱江西北是三峡水库上游流域气温最低的地区,流域北部气温分布呈纬向特征。三峡水库上游流域有 2 个高温中心,分别位于金沙江下游西南部和长江干流;除川西峨眉山山区气温低外,流域中、下游的高温区与高湿区、雨区对应较好。

(13)三峡水库上游流域气温日较差平均 9.1℃,长江上游干流、乌江、嘉陵江流域气温日较差 7~8℃,气温日较差较小,体现出明显山地气候特征;金沙江流域气温日较差达 13℃以上,气温变化幅度大,体现出显著高原气候特征。

(14)三峡水库上游流域平均风速 1.6 m/s,金沙江流域、岷沱江上游年均风速、极大风速都较大,年均风速 1.7~2.1 m/s,具高原气候特征;乌江、嘉陵江、上游干流风速较小,为 0.9~1.1 m/s。大风速中心在金沙江上游,年均风速 4.4 m/s 左右,中、东部是低风速中心,年均风速在 1.4 m/s 左右,盆地和高山风速较小,风速东西差异近 3 m/s。

(15)三峡水库上游流域平均日照时数 1695 h。平均每天 4.64 h;金沙江流域高达 2331.5 h,平均每天 6.4 h,高日照与高海拔和纬度有关系,也与降水偏少有关系;最少的乌江流域日照时数 1085.8 h,平均每天 2.97 h,金沙江流域日照是乌江的 2.15 倍。

(16)三峡水库上游流域有两个有显著差异的气候区:高原季风气候区和亚热带季风气候区,高原季风气候区只有干季和湿季,亚热带季风气候区有显著的季风气候特征。根据流域内水、热和光照条件的差异,大致可分为三大气候区:高原气候区、山地气候区和盆地气候区。

参考文献

国家防汛抗旱总指挥部办公室、长江水利学会减灾专业委员会.2000.中国城市防洪(第四卷)[M].北京:中国水利水电出版社.

国家防汛抗旱总指挥部办公室、长江水利学会减灾专业委员会.2008.中国城市防洪(第四卷)[M].北京:中国水利水电出版社.

水利部长江水利委员会.2002.长江流域水旱灾害[M].北京:中国水利水电出版社.

周淑贞,张如一.1997.气象学与气候学[M].北京:高等教育出版社.

第 3 章
三峡水库上游流域降水变化特征分析

通过对三峡水库上游流域降水时空分布情况的分析,揭示其时空变化特征;对上游流域降水进行突变检测,揭示降水突变时段及突变特征;对近 20 年降水情况进行统计分析,揭示其极端暴雨过程特征。

3.1 资料来源及处理

3.1.1 资料来源

收集三峡上游流域(包括金沙江、岷沱江、嘉陵江、乌江、宜宾—重庆、重庆—宜昌)基准和基本气象站自 1961 到 2009 年逐日降水资料。

3.1.2 资料处理

(1)如果 1 年内缺测超过 18 d(大于 1 年内实际观测日数的 5%),该年不参加计算;当站点缺测年超过 2 年(不含 2 年),该站点不参与统计,缺失数据见表 3.1。

(2)微量降水处理:不足 0.1 mm 的微量降水,作为 0.01 mm 降水处理。

(3)特殊降水处理:含雪、雨夹雪、雨雪混合、雾露霜等特征值降水,全部转换为纯降水。

(4)对资料序列进行整理,选取资料比较完整的、在三峡水库上游流域内分布较均匀的 63 个代表站点作为本次研究的气象站点,见图 3.1。

(5)常年值采用 1971—2000 年的 30 年气候标准期平均值。

(6)四季的划分按春季 3—5 月,夏季 6—8 月,秋季 9—11 月,冬季 12 月至次年 2 月。

表 3.1 三峡水库上游流域气象站历史资料缺失情况表

子流域	缺失年份	缺失站点	实际当年站点数
金沙江	1962	1	25
	1968	4	22
	2009	12	14
乌江	2009	6	1
嘉陵江	1969	2	7
	2009	1	8
宜宾—重庆	1967	2	3
	2009	2	3
宜宾—重庆	1967	1	5
	2009	3	3

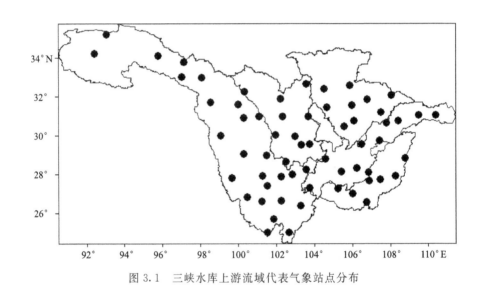

图 3.1 三峡水库上游流域代表气象站点分布

3.2 三峡水库上游流域降水时间变化特征

采用线性趋势拟合,分析整个三峡上游流域以及金沙江、岷沱江、嘉陵江、乌江、宜宾—重庆、重庆—宜昌流域年、季降水量、降雨日数、降雨强度、年、季暴雨日数、暴雨强度的时间变化特征,包括变化趋势、变化速率以及年代际变化。

3.2.1　降水量时间变化特征

3.2.1.1　年平均降水量时间变化特征

三峡水库上游流域 1971—2000 年均降水量为 911.0 mm,金沙江、乌江、嘉陵江、岷沱江、宜宾—重庆和重庆—宜昌分别为 711.4 mm、1077.7 mm、997.3 mm、1050.9 mm、1161.7 mm 和 1011.6 mm。上游流域的年降水量呈下降趋势,下降速率为 11.9 mm/10a,通过 0.05 的信度水平检验(表 3.2)。

表 3.2　三峡水库上游流域平均降水量及近 49 年极端降水量

(单位:mm/a,1961—2009 年)

区域类别	30 年平均	最高		最低	
		年份	降水量	年份	降水量
三峡水库上游流域	911.0	1967	1022.8	2006	748.7
金沙江	711.4	1998	873.1	1969	601.8
乌江	1077.7	1967	1376.1	1966	772.3
嘉陵江	997.3	1983	1335.6	1997	729.6
岷沱江	1050.9	1990	1242.1	1972	893.4
宜宾—重庆	1161.7	1982	1538.3	2006	819.6
重庆—宜昌	1011.6	1968	1262.9	2006	825.2

从表 3.2 和图 3.2 中可以看出,三峡水库上游流域全流域的年均降水量最高值为 1022.8 mm(1967 年),最低为 748.7 mm(2006 年),年降水量呈下降趋势,下降速率为 11.8 mm/10a。金沙江年均降水量最高值为 873.1 mm(1998年),最低值为 601.8 mm(1969 年),年降水量具有弱的增加趋势,增速为 7.1 mm/10a。乌江年降水量最高值为 1376.1 mm(1967 年),最低值为 772.3 mm(1966 年),年降水量具有较弱的下降趋势,下降速率为 13.1 mm/10a。嘉陵江年降水量最高值为 1335.6 mm(1983 年),最低值为 729.6 mm(1997年),年降水量具有较弱的下降趋势,下降速率为 17.5 mm/10a。岷沱江年降水量最高值为 1242.1 mm(1990 年),最低值为 893.4 mm(1972 年),年降水量具有较弱的下降趋势,下降速率为 17.2 mm/10a。宜宾—重庆年降水量最高值为 1538.3 mm(1982 年),最低值为 819.6 mm(2006 年),年降水量具有较弱的下降趋势,下降速率为 13.2 mm/10a。重庆—宜昌年降水量最高值为 1262.9 mm(1968 年),最低值为 825.2 mm(2006 年),年降水量具有较弱的下降趋势,下降

速率为 24.3 mm/10a。

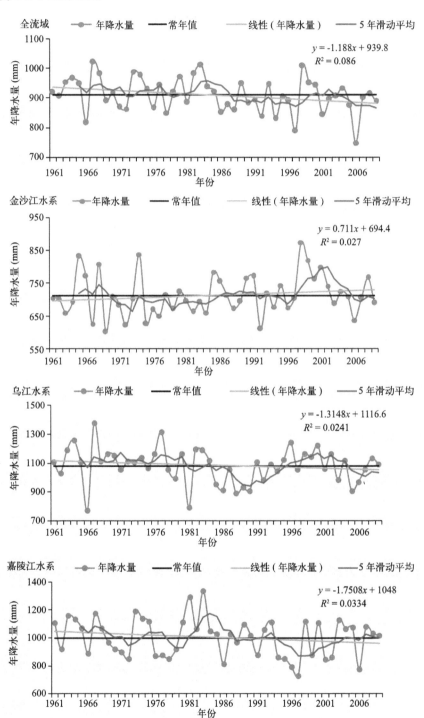

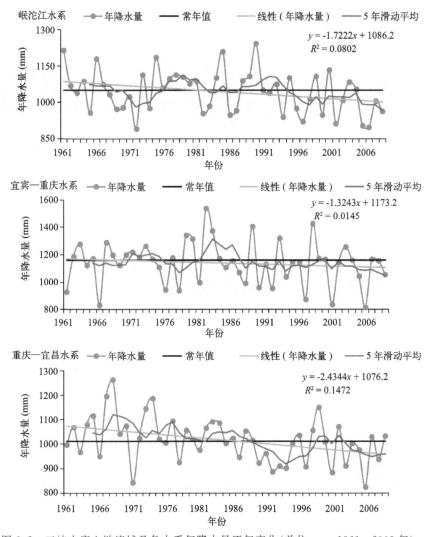

图 3.2　三峡水库上游流域及各水系年降水量逐年变化(单位:mm,1961—2009 年)

　　表 3.3 是三峡水库上游流域及各水系 30 年来年平均降水量及各年代距平值(10 年的平均值与气候标准期 1971—2000 年的平均值之差)。从上游流域降水量的年代际变化看,20 世纪 60、70 年代和 80 年代降水偏多,之后降水偏少。从 5 年滑动平均上看,降水呈波动性变化,波峰主要出现在 20 世纪 80 年代初,21 世纪头 10 年,波谷有多个,但均相对较弱,分别出现在 70 年代初、中期和 90 年代中后期。金沙江呈现前低后高的变化,在 80 年代初开始上扬,90 年代中后期增加更加明显。乌江则是 80 年代中期之前都波动较小,然后开始有一个明

显的下降,90 年代则又开始增长。嘉陵江、岷沱江变化相同,都有三次明显的起伏。宜宾—重庆则与上游流域降水量变化状况基本相一致。重庆—宜昌则与其他都不同,在 90 年代前期有着明显下降(图 3.2)。

表 3.3 三峡水库上游流域及各水系 30 年平均降水量及各年代距平值

(单位:mm,1961—2009 年)

区域类别	1971—2000 年降水量	1960s	1970s	1980s	1990s	2001—2009
三峡水库上游流域	911.0	23.5	7.9	5.1	−13.0	−36.2
金沙江	711.4	−1.1	−21.4	−2.5	23.9	6.0
乌江	1077.7	49.9	40.5	−81.9	41.4	−22.9
嘉陵江	997.3	43.0	−13.3	71.7	−58.5	−10.2
岷沱江	1050.9	10.6	14.1	18.8	−33.0	−54.3
宜宾—重庆	1161.7	26.7	6.0	16.9	−23.0	−88.0
重庆—宜昌	1011.6	64.5	21.5	7.6	−29.1	−47.9

3.2.1.2 四季平均降水量时间变化特征

三峡水库上游流域四季降水量变化特点各异,春季、秋季降水量呈减少趋势,夏季、冬季呈增加趋势。除岷沱江、重庆—宜昌外,各水系四季降水量变化状况基本与流域变化相一致。

(1)春季平均降水量变化特征

从图 3.3 看出,三峡水库上游流域全流域春季平均降水量最高值为 283.9 mm,出现在 1977 年;最低值为 169.7 mm,出现在 1979 年。1971—2000 年春季降水量具有不显著的下降趋势,下降速率为 3.1 mm/10a。

从上游流域各年代际春季降水量的变化来看,20 世纪 60、70 年代降水偏多,处于平均值之上,整个 80、90 年代处于少雨期,21 世纪头 10 年降水也明显偏多。从 5 年滑动平均来看,降水虽呈波动性变化,但有着明显地减少。金沙江、岷沱江降雨量变化较小,上升趋势较缓,其他流域都有下降趋势。

(2)夏季平均降水量变化特征

从图 3.4 看出,三峡水库上游流域夏季降水量最高值为 664.3 mm,出现在 1998 年;最低值为 313.1 mm,出现在 2006 年。夏季降水量呈现出轻微上升趋势,上升速率为 1.8 mm/10a。夏季降水量 20 世纪 60 年代后期开始下降,70 年代下降明显,中期开始增加,80 年代开始略有减少,到 90 年代放缓,中后期又呈现增加趋势,21 世纪初开始回落。从 5 年滑动平均上看,夏季降水波峰主要出现在 80 年代中期与 90 年代后期,而波谷则出现在 70 年代初期。

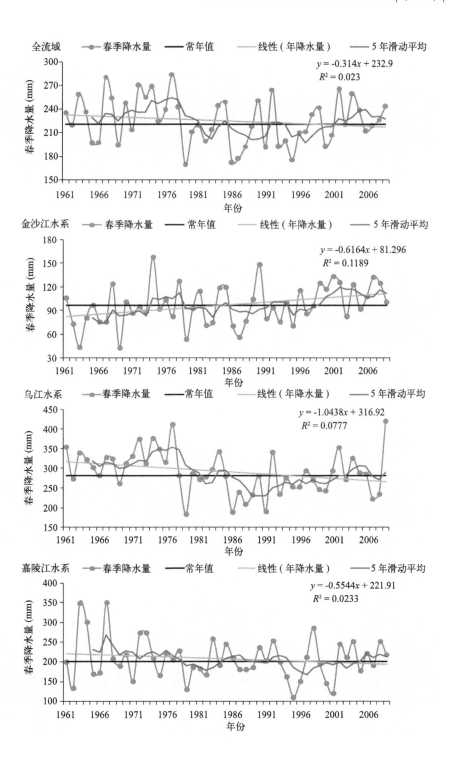

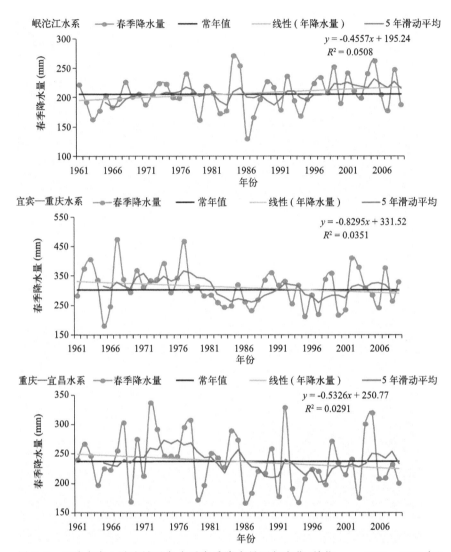

图 3.3　三峡水库上游流域及各水系春季降水量逐年变化(单位:mm,1961—2009 年)

　　岷沱江与重庆—宜昌与上游流域的趋势相反,其他则与上游流域趋势相同。从 5 年滑动平均上看,金沙江虽变化趋势不明显但波动较大,且 90 年代后期有明显的增加。岷沱江虽是下降的趋势 但是波动较小。乌江是 70 年代前期出现波谷,到了 90 年代初期开始明显上升。宜宾—重庆在 80 年代以前曲线平直,80 年代初开始增加,之后一直小幅波动。

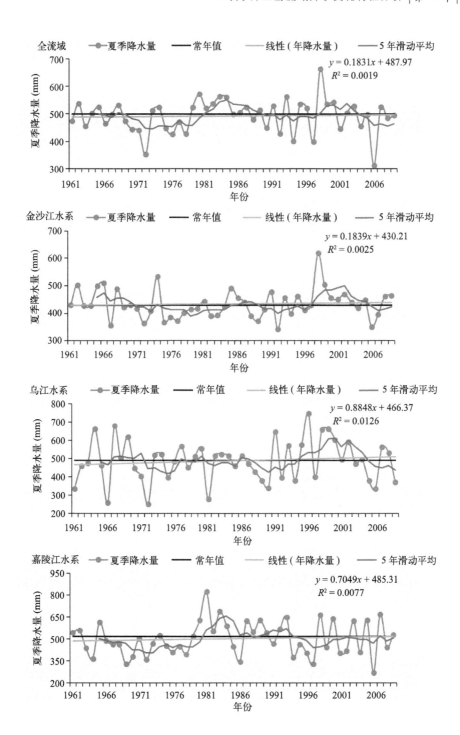

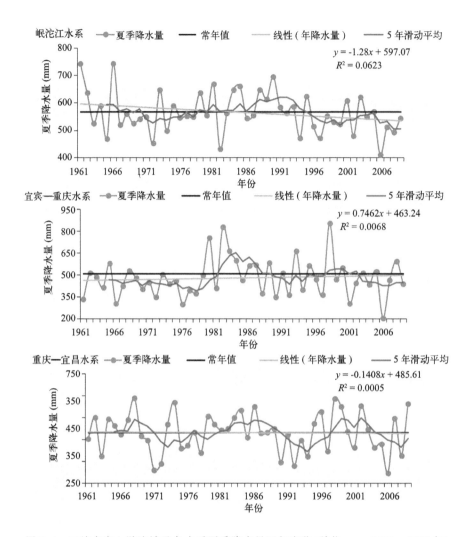

图 3.4　三峡水库上游流域及各水系夏季降水量逐年变化(单位:mm,1961—2009 年)

(3)秋季平均降水量变化特征

从图 3.5 看出,上游流域秋季降水量最高值为 308.3 mm,出现在 1975 年;最低值为167.7 mm,出现在 2002 年。秋季降水具有显著的下降趋势,下降速率为12.7 mm/10a。从 5 年滑动平均上看,秋季降水量 20 世纪 60、70 年代初变化趋势有小幅上升,80 年代初期出现小幅波峰,高于历史平均值,而后小幅波动缓慢减少。

各水系趋势与上游流域趋势基本保持一致,但是幅度各有不同。金沙江波动不大,但有轻微上升趋势,乌江整体变化不大,但下降趋势明显。嘉陵江 20世纪 70 年代中期处于波峰,80 年代初下降到波谷,之后快速升高,90 年代到 21

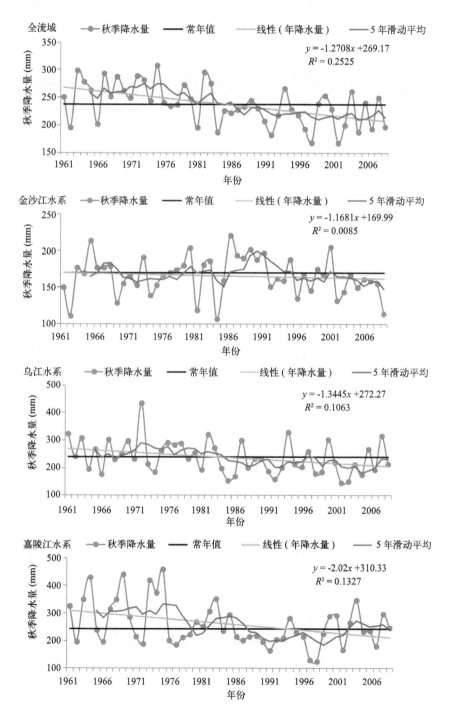

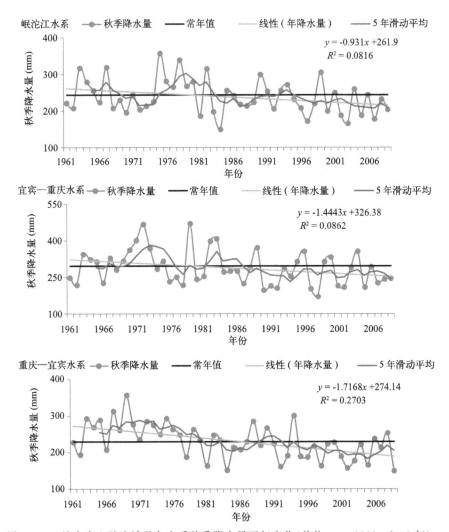

图 3.5　三峡水库上游流域及各水系秋季降水量逐年变化(单位:mm,1961—2009 年)

世纪初一直处于波谷。岷沱江有波动,在 20 世纪 70 年代中期有明显波峰,但下降趋势明显。宜宾—重庆在 70、80 年代为明显的波峰,90 年代起只有小幅波动。重庆—宜昌一直是小幅波动。

(4)冬季平均降水量变化特征

从图 3.6 看出,上游流域冬季降水量最高值为 65.7 mm,出现在 1993 年;最低值为24.3 mm,出现在 1969 年。1971—2000 年上游流域冬季降水量呈现不显著上升趋势,上升速率为 1.0 mm/10a。整个区域冬季降水量在 20 世纪

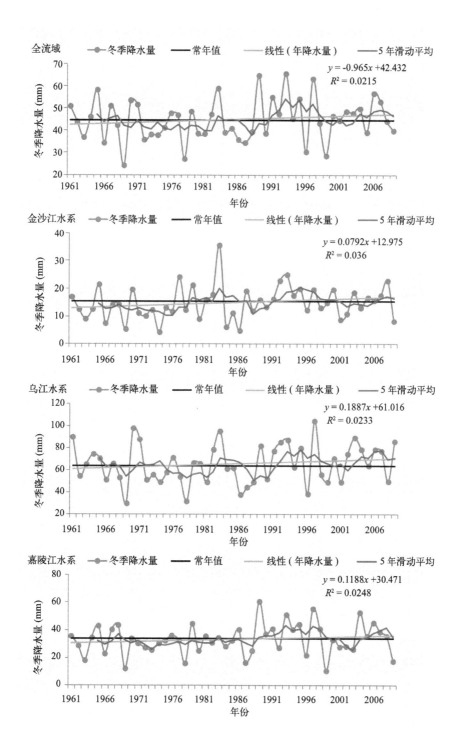

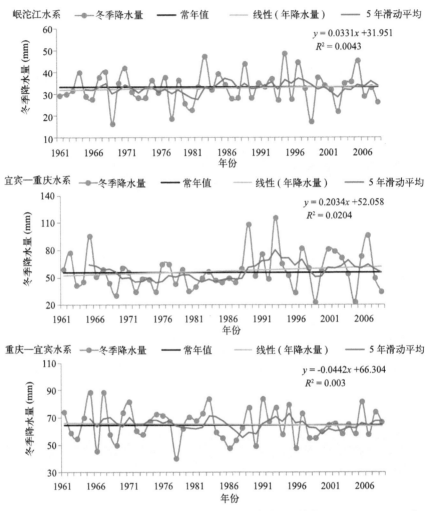

图 3.6　三峡水库上游流域及各水系冬季降水量逐年变化(单位:mm,1961—2009 年)

60、70 年代偏低,80 年代降水量接近常年值,90 年代到达峰值,2000 年以后趋于常年平均值。在 80 年代以前基本处于少雨期,从 5 年滑动平均上看,90 年代有明显的波峰,各水系域和上游流域的总体趋势保持一致。

　　三峡水库上游流域降水量总体呈现弱的下降趋势,但不同季节、不同流域表现不一,其中年降水量以及春、秋季降水量呈减少趋势,夏、冬季呈增加趋势;年降水量金沙江为弱的增加趋势,其余 5 个水系均呈现下降趋势。年、季降水量突变主要发生在 20 世纪 70、80 年代,其中 90 年代降水增加主要发生在夏季,由于气温升高,空气持水能力加大,夏季强降水出现的几率增加且强度增大,因此,汛期降水量、平均暴雨日数均呈明显增加趋势,洪涝加剧。

表 3.4 三峡水库上游流域及各水系 30 年平均四季降水量及各年代距平值

（单位:mm）

时间	流域	1971—2000	1960s	1970s	1980s	1990s	2000s
春季	三峡水库上游流域	220.7	11.1	17.0	−7.2	−9.7	11.3
	金沙江水系	96.5	−14.4	1.4	−0.8	−0.6	17.1
	乌江水系	281.7	28.5	40.8	−19.3	−21.5	18.0
	嘉陵江水系	200.4	29.0	4.6	3.9	−8.4	9.4
	岷沱江水系	205.9	−8.4	0.9	−3.7	2.8	13.4
	宜宾—重庆水系	302.5	28.5	35.8	−19.7	−16.1	13.3
	重庆—宜昌水系	237.4	3.2	18.2	−3.7	−14.5	−3.4
夏季	三峡水库上游流域	499.3	−8.7	−29.3	16.2	13.0	−26.9
	金沙江水系	429.6	21.1	−20.4	−6.6	27.0	5.0
	乌江水系	492.3	−0.4	−24.6	−48.3	72.9	−20.4
	嘉陵江水系	518.9	−52.7	−45.3	62.1	−16.8	−28.3
	岷沱江水系	568.0	17.7	−9.6	35.2	−25.6	−35.9
	宜宾—重庆水系	506.0	−57.4	−52.6	35.7	16.9	−67.6
	重庆—宜昌水系	480.7	19.4	−22.9	19.1	3.7	−13.9
秋季	三峡水库上游流域	237.3	21.3	23.2	−3.3	−19.9	−23.3
	金沙江水系	169.8	−5.7	0.1	5.1	−5.1	−15.4
	乌江水系	239.8	20.1	28.9	−11.6	−17.3	−28.5
	嘉陵江水系	244.2	69.4	31.1	5.1	−36.2	8.2
	岷沱江水系	243.8	2.6	24.5	−13.3	−11.2	−31.2
	宜宾—重庆水系	297.6	0.9	29.5	1.0	−30.2	−41.2
	重庆—宜昌水系	228.8	40.4	25.5	−6.1	−19.4	−31.8
冬季	三峡水库上游流域	44.4	−0.2	−3.0	−0.6	3.6	2.7
	金沙江水系	15.5	−2.0	−2.5	−0.2	2.7	−0.7
	乌江水系	63.9	1.6	−4.6	−2.7	7.3	8.1
	嘉陵江水系	33.8	−2.2	−3.6	0.6	3.0	0.5
	岷沱江水系	33.2	−1.4	−1.7	0.6	1.0	−0.6
	宜宾—重庆水系	55.5	1.3	−6.3	−0.1	6.4	7.4
	重庆—宜昌水系	64.7	1.6	0.6	1.7	1.1	1.2

3.2.2 降水日数时间变化特征

上游流域平均年降水日数(流域降雨量≥0.1 mm 作为一个降雨日)变化范围为 138.1～171.0 d,呈显著下降趋势,下降速率为 2.9 d/10a($\alpha=0.001$)(见表 3.5)。上游流域 1971—2000 年平均年降水日数为 156.0 d,金沙江、乌江、嘉陵江、岷沱江、宜宾—重庆和重庆—宜昌分别为 134.8 d、177.7 d、132.6 d、177.9 d、142.2 d 和 171.0 d。

三峡水库上游流域平均年降水日数最大值为 171.0 d,出现在 1964 年;最小值为 138.1 d,出现在 2006 年(见表 3.5)。从 5 年滑动平均上看,全流域年降水日数在 20 世纪 80 年代初达到最大值,波峰分别在 70 年代中期和 80年代初期;90 年代开始变化较小,降水日数总体趋势是下降的。金沙江在 80年代以前降雨日数较少,从 80 年代初有一个明显的上升,之后降雨日数一直高于历史平均值,到了 21 世纪初才有下降。乌江在 80 年代初期 90 年代后期出现波峰;嘉陵江 70 年代中期到 80 年代中期出现两个波峰一个波谷,之后降雨日数开始下降;岷沱江趋势与嘉陵江相似;宜宾—重庆在 80 年代初期、90 年代中期出现波峰;重庆—宜昌在 70 年代中期到 80 年代中期出现一峰一谷(图 3.7)。

表 3.5 三峡水库上游流域及各水系 30 年平均降水日及 1961—2009 年极端降水日数

(单位:d)

区域类别	30 年平均	最高		最低	
		年份	降水日数	年份	降水日数
三峡水库上游流域	156.0	1964	171.0	2006	138.1
金沙江	134.8	1965	144.6	1969	113.2
乌江	177.7	1976	199.6	2009	157.0
嘉陵江	132.6	1964	162.0	2006	112.9
岷沱江	177.9	1976	191.8	2007	155.0
宜宾—重庆	142.2	1974	161.8	2006	119.0
重庆—宜昌	171.0	1968	192.3	2006	148.5

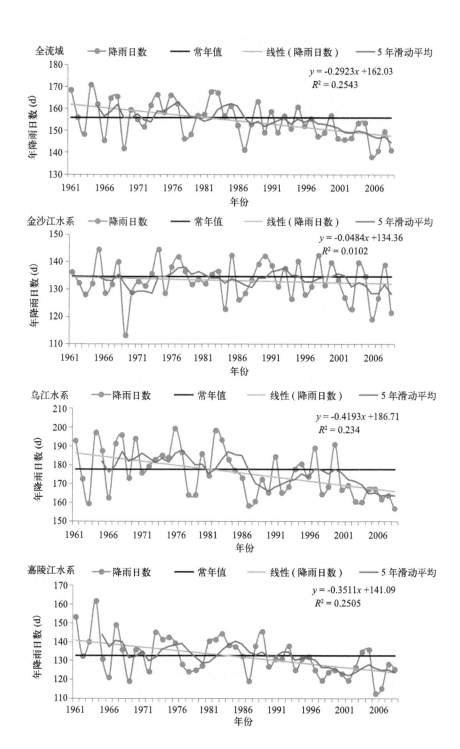

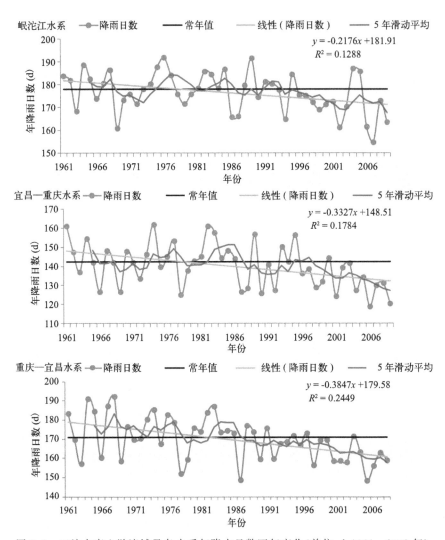

图 3.7　三峡水库上游流域及各水系年降水日数逐年变化(单位:d,1961—2009 年)

3.2.3　降雨强度时间变化特征

　　三峡水库上游流域 1971—2000 年日平均降水强度为 6.5 mm/d。金沙江、乌江、嘉陵江、岷沱江、宜宾—重庆和重庆—宜昌日平均降水强度分别为5.3 mm/d、6.1 mm/d、7.5 mm/d、5.9 mm/d、8.2 mm/d 和 5.9 mm/d。上游流域降雨强度最大值 7.7 mm/d,出现在 1998 年,最小值 5.6 mm/d,出现在1997 年(见表 3.6)。从曲线上来看,全流域降雨强度呈现较弱的增加趋势,在

20 世纪 90 年代中期先后到达最小、最大值。金沙江也是上升的趋势,90 年代以前波动明显,以后波动变小;乌江 80 年代以前变化比较平均,80 年代起降雨强度开始下降,到中期才开始回到 80 年代以前水平;嘉陵江在 80 年代中期增加明显,90 年代中期下降明显;岷沱江、宜宾—重庆整体变化较为平均,没有剧烈波动;重庆—宜昌在 80 年代中期开始明显下降,其他年份则波动(图 3.8)。

表 3.6　三峡水库上游流域及各水系 30 年平均日降水强度及 1961—2009 年

日平均降水强度极值　　　　　　　(单位:mm/d)

区域类别	30 年平均	最高		最低	
		年份	降水强度	年份	降水强度
三峡水库上游流域	6.5	1998	7.7	1997	5.6
金沙江	5.3	1999	6.2	1977	4.6
乌江	6.1	1963	7.4	1981	4.6
嘉陵江	7.5	2007	9.3	1997	5.8
岷沱江	5.9	1990	7.1	1982	5.1
宜宾—重庆	8.2	1998	11.1	1961	5.8
重庆—宜昌	5.9	1999	6.8	1971	5.0

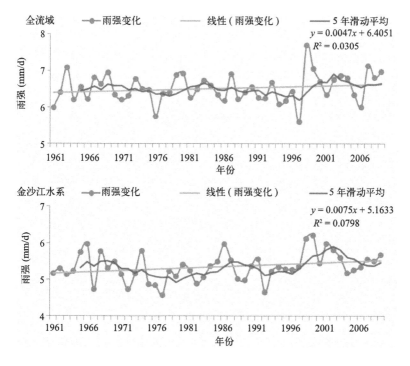

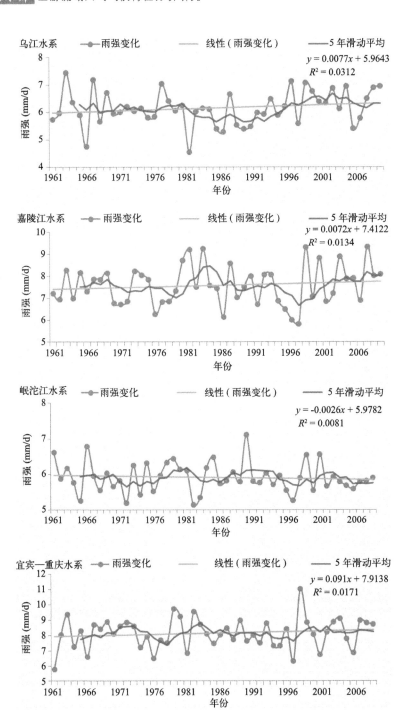

图 3.8　1961—2009 年三峡水库上游流域及各水系不同等级雨强逐年变化（单位：mm/d）

三峡水库上游流域年降水日数呈显著下降趋势，5 年滑动平均显示波峰分别在 20 世纪 70 年代中期和 80 年代初期，90 年代逐渐减小，且出现了突变。上游流域降水强度有所增加，各水系中，乌江、嘉陵江、宜宾—重庆为增加趋势，金沙江、岷沱江、重庆—宜昌则呈减少趋势。

3.2.4　暴雨日数时间变化特征

3.2.4.1　年平均暴雨日数时间变化特征

从表 3.7 和图 3.9 看出，三峡水库上游流域平均每年每站暴雨日数（降雨量≥50 mm 作为一个暴雨日）变化范围为 1.3～2.9 d，无明显的增减趋势。上游流域 1971—2000 年平均年暴雨日数为 1.9 d，金沙江、乌江、嘉陵江、岷沱江、宜宾—重庆和重庆—宜昌分别为 0.7 d、2.6 d、3.4 d、2.2 d、3.4 d 和 2.2 d。上游流域年暴雨年降水日数最大值为 2.9 d，出现在 1998 年；最小值为 1.3 d，出现在 1997 年。从 5 年滑动平均上看，年暴雨日数有波动，但幅度不大，在 20 世纪 70 年代初期和 90 年代中期出现波谷，70 年代后到 90 年代后期出现 2 次波峰。金沙江总体趋势是上升的，80 年代以前波动较小，波峰主要出现在 80 年代中期和 21 世纪初，波谷出现在 60 年代中后期。乌江在 90 年代中期有明显的上升趋势。嘉陵江在 70 年代中期、80 年代初期出现波峰，在 90 年代末 21 世纪初出现波谷。岷沱江总体趋势有明显下降，90 年代至今平均值多低于常年值。宜宾—重庆呈波动变化，增减趋势不明显，重庆—宜昌在 60 年代中后期，70 年代中期出现波谷，之后一直在历史平均值上下波动。

表 3.7 三峡水库上游流域及各水系 30 年平均暴雨日数及 1961—2009 年极端暴雨日数

（单位：d）

区域类别	30 年平均	最高		最低	
		年份	降水日数	年份	降水日数
三峡水库上游流域	1.9	1998	2.9	1997	1.3
金沙江	0.7	1998	1.5	1967	0.2
乌江	2.6	1967	4.7	1981	0.7
嘉陵江	3.4	1983	6.3	1986	1.8
岷沱江	2.2	1961	4.0	2006	1.0
宜宾—重庆	3.4	1998	6.0	1997	1.2
重庆—宜昌	2.2	1974	4.5	1971	0.3

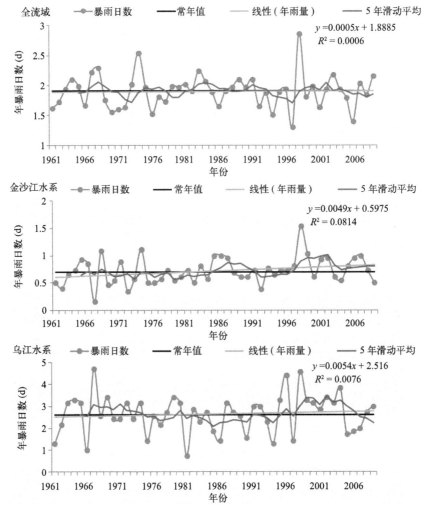

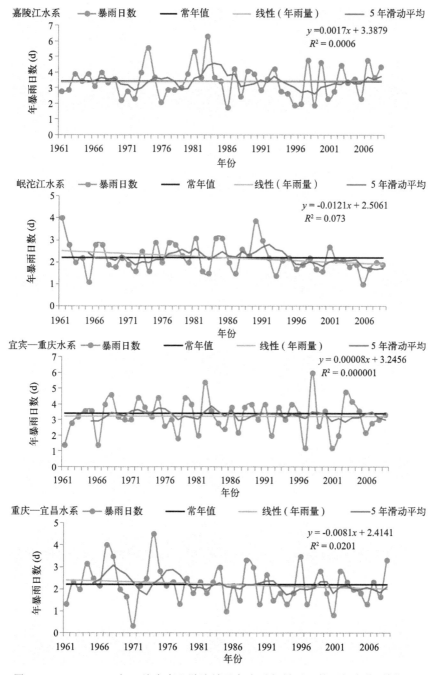

图 3.9 1961—2009 年三峡水库上游流域及各水系年暴雨日数逐年变化(单位:d)

3.2.4.2 四季暴雨日数

（1）春季暴雨日数

三峡水库上游流域春季暴雨日数总体趋势有略微的下降，但曲线波动不大，较为平缓。金沙江每站的多年暴雨日数不足一天。乌江20世纪80年代之前暴雨日数较多，之后开始减少，多年份均值低于常年值。嘉陵江暴雨波动明显，波峰突出。岷沱江暴雨日数呈微弱上升趋势。宜宾—重庆总体趋势有明显的下降，80年代以前暴雨日数较多之后减少。重庆—宜昌在20世纪80年代以前高于常年值，之后多数年份均值低于常年值（图3.10）。

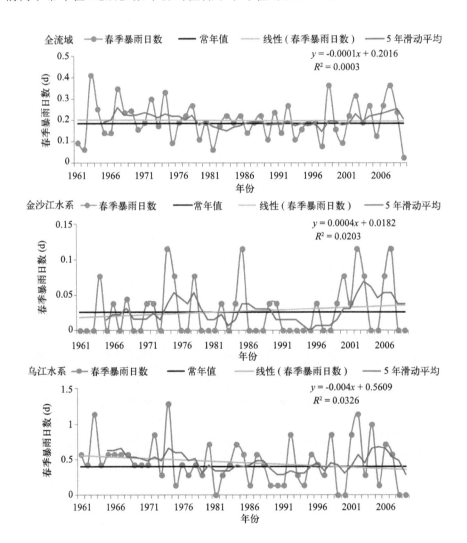

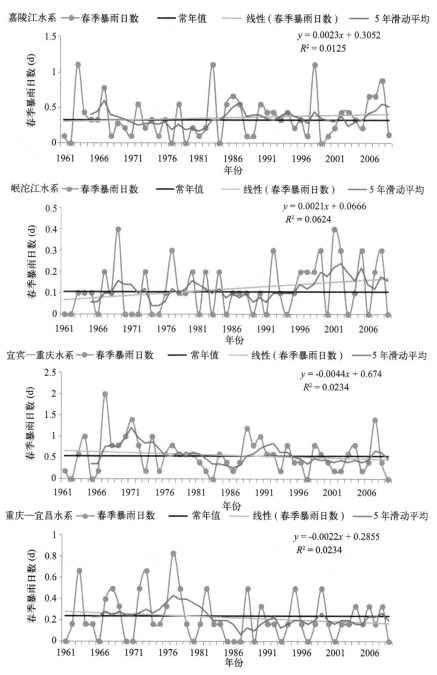

图 3.10 1961—2009 年三峡水库上游流域及各水系春季暴雨日数逐年变化(单位:d)

（2）夏季暴雨日数

夏季，三峡水库上游流域年暴雨日数，总体趋势为轻微上升，曲线波动较小。金沙江只在1998年每站的平均暴雨日数达到1.5 d，其他年份不足一天。从5年滑动上看，乌江整体变化幅度小，只在20世纪60年代初有增加但又迅速下降。嘉陵江在80、90年代初有波峰。岷沱江60年代前期暴雨日数较多，之后逐年下降，整体波动不大。宜宾—重庆基本在常年值上下波动。重庆—宜昌在70年代初期出现波谷，70年代中期出现波峰，其他年份变化较小（图3.11）。

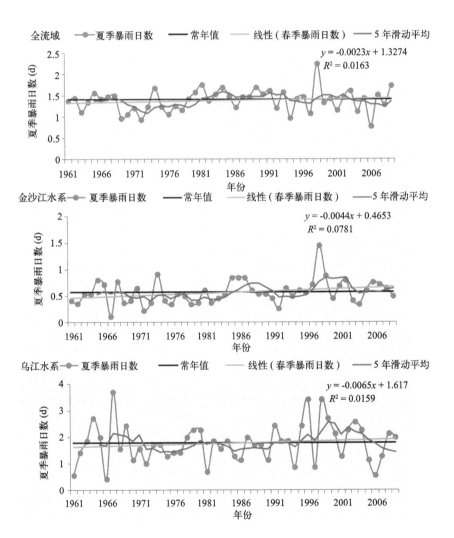

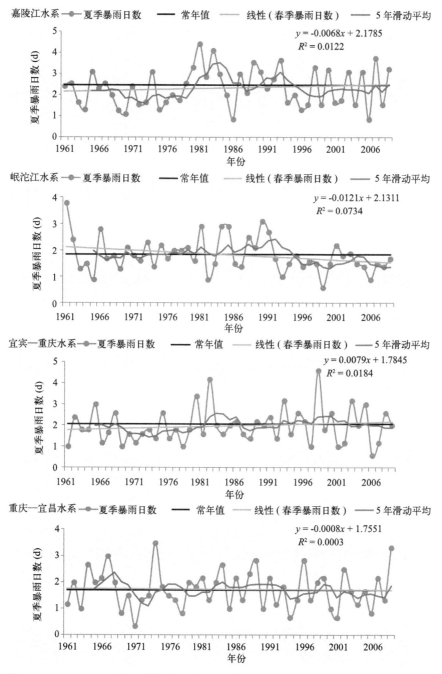

图 3.11　1961—2009 年三峡水库上游流域及各水系夏季暴雨日数逐年变化(单位:d)

（3）秋季暴雨日数

三峡水库上游流域秋季暴雨日数整体趋势是下降的，在 20 世纪 60 年代初期有明显的上升，到 70 年代中期开始下降。金沙江每站的多年均值不足一天。从 5 年滑动看，乌江在 70 年代初有波峰，80、90 年代中期有波谷。嘉陵江，在 80 年代以前日数较多，有明显的波峰，之后多处于常年值以下，直到 21 世纪初略有上升。岷沱江呈波动变化，多数年份平均值低于常年值。宜宾—重庆波峰出现在 70 年代前中期，之后一直在常年值附近波动。重庆—宜昌在 80 年代以前有两个波峰，之后快速下降，有多年份无暴雨日（图 3.12）。

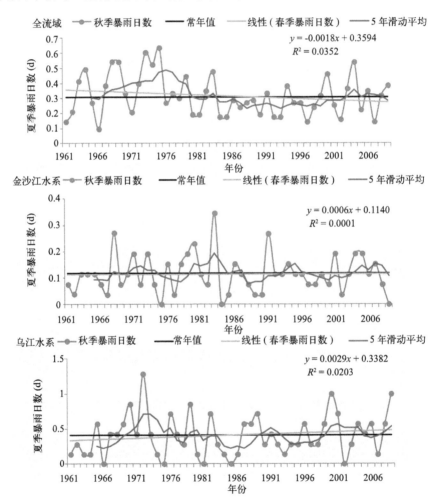

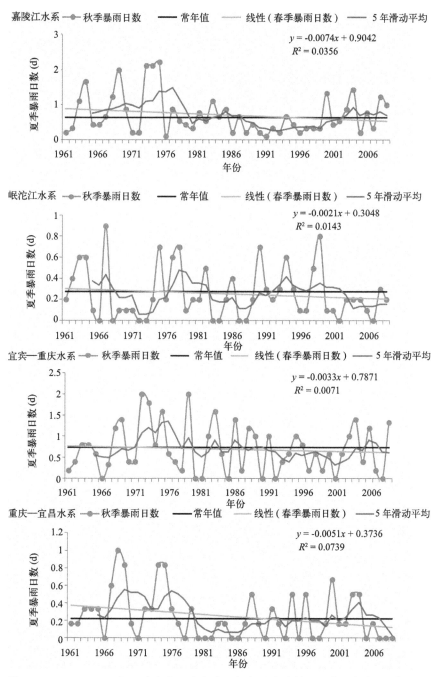

图 3.12 1961—2009 年三峡水库上游流域及各水系秋季暴雨日数逐年变化(单位:d)

（4）冬季暴雨日数

三峡水库上游流域冬季无暴雨日数，所有水系49年冬季都没有暴雨出现。

3.2.5 暴雨强度时间变化特征

三峡水库上游流域1971—2000年日平均暴雨强度为74.0 mm/d，金沙江、乌江、嘉陵江、岷沱江、宜宾—重庆和重庆—宜昌分别为65.9 mm/d、70.4 mm/d、76.9 mm/d、85.1 mm/d、71.4 mm/d 和73.9 mm/d。上游流域降雨强度最大值81.2 mm/d，出现在1989年，最小值64.3 mm/d出现在1976年（表3.8）。从曲线上来看，暴雨强度有轻微的上升趋势，20世纪70年代中期出现最低值，在90年代初期到达最大值。整体变化波动不大。金沙江在70年代中期和21世纪前5年出现上升，其他年份较为平均。乌江呈现明显的上升趋势，但是波动幅度不大。嘉陵江在80年代中期以前，波动不大，之后有明显的下降，到21世纪初又有所增加。岷沱江波动幅度不大，在90年代中期有明显增高，之后又快速下降。宜宾—重庆在80年代到90年代中期增加较为明显。重庆—宜昌在70年代中期、80年代中后期和90年代末期都有明显的增高，其他年份变化较为平均（图3.13）。

表3.8 三峡水库上游流域及各水系30年平均暴雨强度及1961—2009年暴雨强度值

（单位：mm/d）

区域类别	30年平均	最高		最低	
		年份	降水日数	年份	降水日数
三峡水库上游流域	74.0	1989	81.2	1976	64.3
金沙江	65.9	2003	73.9	1967	53.9
乌江	70.4	1991	89.8	1966	60.0
嘉陵江	76.9	1980	90.6	1976	65.0
岷沱江	85.1	1993	110.1	1976	67.7
宜宾—重庆	71.4	1989	92.1	1961	59.7
重庆—宜昌	73.9	1978	84.8	1993	61.2

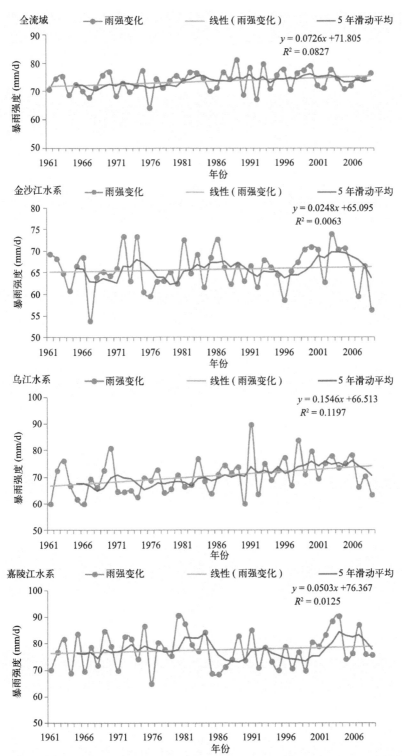

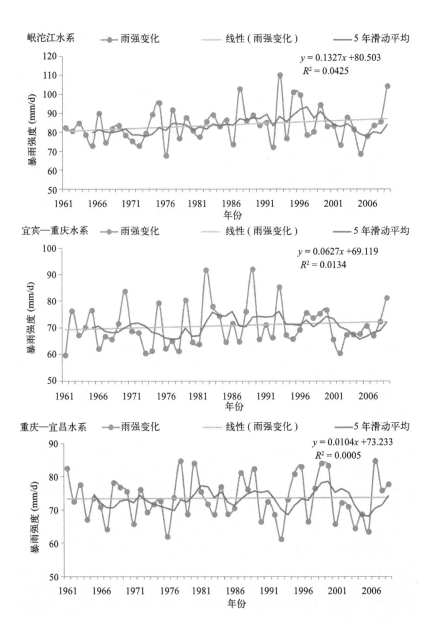

图 3.13　1961—2009 年三峡水库上游流域及各水系暴雨强度逐年变化(单位:mm/d)

　　三峡水库上游流域平均年暴雨日数变化不明显,且近 50 年中无明显突变。四季暴雨日数的变化,春、秋两季为下降趋势,夏季则相反,冬季没有出现暴雨,突变主要发生在 20 世纪 70、80 年代的夏、秋两季。暴雨强度有轻微的上升趋势,其他水系与流域趋势变化一致,且 70 年代中期出现最低值,90 年代初期到达最大值。

3.2.6 极端降水时间变化特征

极端降水事件:取标准气候期(1971—2000 年)每年日降水量的极大值和次大值,得到一个包含 60 个样本的序列,对序列从小到大进行排序,第 58 个值为偏多极端事件阈值。当某站某日降水量超过了该站极端降水事件阈值时,就称该站该日出现了极端降水事件。对于流域极端降水事件,则统计流域内所有气象站出现极端降水的总站次。

分析三峡水库上游流域极端降水事件出现次数的时间变化趋势和空间分布特征,有利于判断流域中极端降水发生的分布情况和频率,以防范极端天气气候事件,降低其所产生的各种次生灾害。

3.2.6.1 极端日降水量时间变化特征

1961—2009 年,三峡水库上游流域平均每年出现日降水量极端事件 6.3 站次,最多为 15 站次(1998 年),最少为 1 站次(1964 年)。20 世纪 60、70 年代平均值均低于常年值,其中 70 年代最低,年均 5.1 站次,80、90 年代和 21 世纪头10 年平均值均高于常年值,其中 90 年代为年均 7.3 站次,为各年代最高;金沙江、乌江、嘉陵江、岷沱江、宜宾—重庆和重庆—宜昌平均每年出现日降水量极端事件分别为 2.7 站次、0.8 站次、0.9 站次、0.9 站次、0.3 站次和 0.6 站次。除嘉陵江外,其他各流域的日降水量极端事件均呈现上升趋势(图 3.14)。

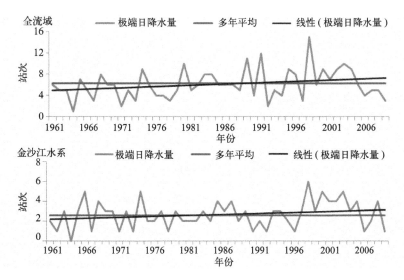

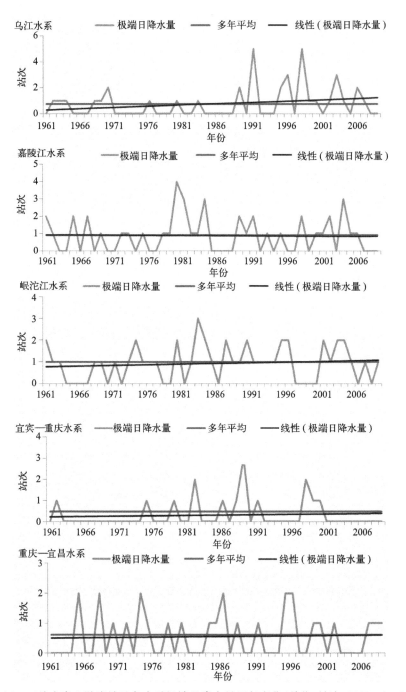

图 3.14 三峡水库上游流域及各水系极端日降水量逐年变化(单位:站次,1961—2009 年)

3.2.6.2　极端 3 日降水量时间变化特征

1961—2009 年,三峡水库上游流域平均每年出现 3 日降水量极端事件 7.4
站次,最多为 23 站次(1998 年),最少为 0 站次(1967 年、1988 年和 1992 年)。
只有 20 世纪 70 年代平均值均低于常年值,为年均 6.1 站次,其他各年代平均
值均高于常年值,其中 21 世纪为年均 10.8 站次,为各年代最高;金沙江、乌江、
嘉陵江、岷沱江、宜宾—重庆和重庆—宜昌平均每年出现 3 日降水量极端事件
分别为 3.4 站次、1.0 站次、1.4 站次、1.2 站次、0.4 站次和 0.7 站次。各水系
的 3 日降水量极端事件均呈现上升趋势(图 3.15)。

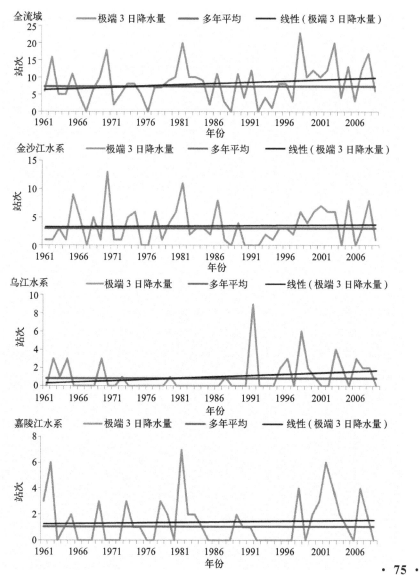

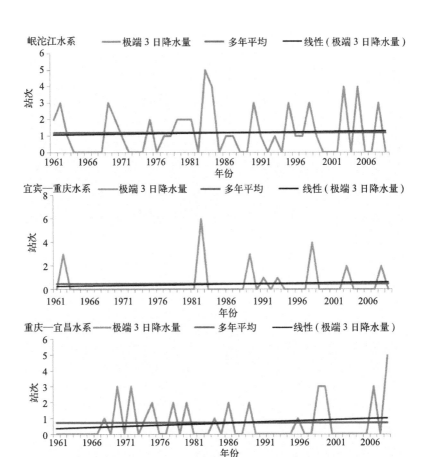

图 3.15　三峡水库上游流域及各水系极端 3 日降水量逐年变化(单位:站次,1961—2009 年)

3.2.6.3　极端连续降水日数时间变化特征

　　1961—2009 年,三峡水库上游流域平均每年出现连续降水极端事件 7.2 站次,最多为 22 站次(1982 年),最少为 1 站次(1963 年和 1979 年)。20 世纪 70、90 年代和 21 世纪初平均值均低于常年值,其中 21 世纪初为年代最低,年均 4.8 站次,60 和 80 年代平均值均高于常年值,其中 80 年代为年均 9.7 站次,为各年代最高;金沙江、乌江、嘉陵江、岷沱江、宜宾—重庆和重庆—宜昌平均每年出现连续降水极端事件分别为 2.8 站次、0.8 站次、1.0 站次、1.1 站次、0.7站次和 0.5 站次。除乌江外,其他各水系的连续降水极端事件均呈现下降趋势(图 3.16)。

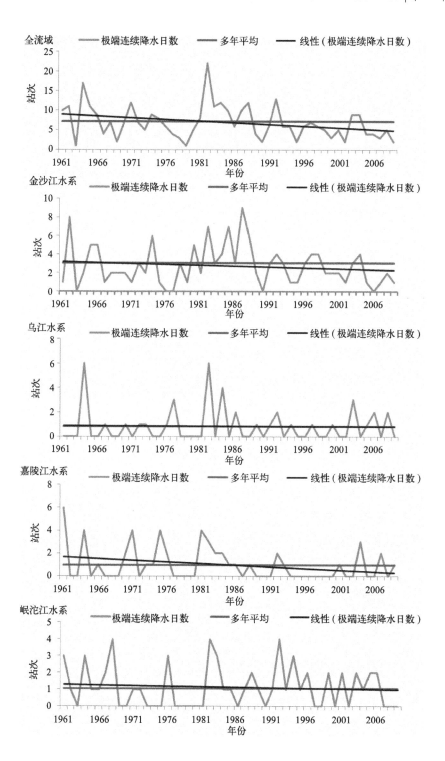

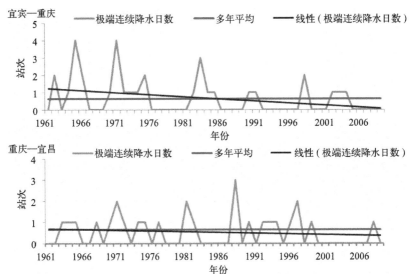

图 3.16　三峡水库上游流域及各水系极端连续降水日数逐年变化(单位:站次,1961—2009 年)

　　三峡水库上游流域极端降水量事件呈增加趋势,发生站次最多均为 1998 年,20 世纪 70 年代为各年代最低,近 30 年各年代平均值均高于常年平均值。连续降水日数事件呈下降趋势,近 10 年平均值为各年代最低,1980 年以后日最大降水极端事件上升趋势最为明显。

3.3　三峡水库上游流域降水变化检测

3.3.1　降水量突变检测

3.3.1.1　年降水量突变检测

　　对三峡水库上游流域年降水量(1971—1999 年)采用滑动 t 检验检测其等级序列的突变(详见图 3.17,表 3.9),结果表明,当 $n_1 = n_2 = 10$ 时,$|t_0| \geqslant t_\alpha$ 通过了 $\alpha = 0.1$ 的信度水平检验,在 1984 年与 1987 年各有一个突变点,说明在 20 世纪 80 年代经历了年降水量由多到少的突变。

表 3.9　三峡水库上游流域及各水系年季降水量、降水日数突变检测结果

区域	年降水量	春季降水量	夏季降水量	秋季降水量	冬季降水量	年降水日数
上游流域	1984(0.1)－ 1987(0.1)－	1978(0.02)－ 1979(0.001)＋		1983(0.02)＋	1982(0.05)＋ 1988(0.05)＋	1998(0.02)＋

　　注:"－"表示降水量由多到少的突变,"＋"表示降水量由少到多的突变;括号内值表示通过的信度水平检验值。

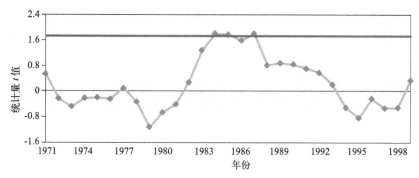

图 3.17 三峡水库上游流域年降水量滑动 t 统计量曲线

（直线为 $\alpha=0.1$ 显著性水平临界值）

3.3.1.2 四季降水量突变检测

对三峡水库上游流域四季降水量(1971—1999 年)(图 3.18～图 3.21)采用滑动 t 检验检测其等级序列的突变,结果表明当 $n_1=n_2=10$ 时,春季降水量在 1987 年有一个突变点(图 3.18), $|t_0| \geqslant t_a$ 通过了 $\alpha=0.02$ 的信度水平检验,说明在 20 世纪 70 年代末春季降水量经历了一次由多变少的突变;夏季降水量在 1979 年有一个突变点(图 3.19), $|t_0| \geqslant t_a$ 通过了 $\alpha=0.001$ 的信度水平检验,说明在 20 世纪 70 年代末夏季降水量经历了一次明显的由少变多的突变;秋季降水量在 1983 年有一个突变点(图 3.20), $|t_0| \geqslant t_a$ 通过了 $\alpha=0.02$ 的信度水平检验,说明在 20 世纪 80 年代中期秋季降水量经历了一次由多变少的突变;冬季降水量在 1982、1988 年各有一个突变点（图 3.21）, $|t_0| \geqslant t_a$ 通过了 $\alpha=0.05$ 的信度水平检验,说明在 20 世纪 80 年代冬季降水量经历了由少变多的突变。

图 3.18 三峡水库上游流域春季降水量滑动 t 统计量曲线

（直线为 $\alpha=0.02$ 显著性水平临界值）

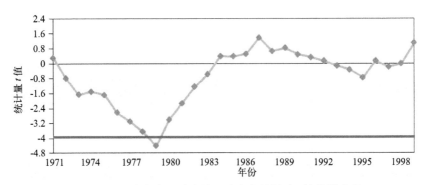

图 3.19　三峡水库上游流域夏季降水量滑动 t 统计量曲线

（直线为 $\alpha=0.001$ 显著性水平临界值）

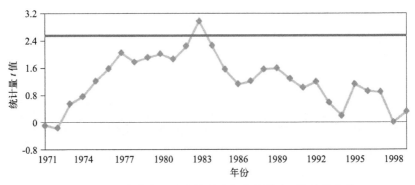

图 3.20　三峡水库上游流域秋季降水量滑动 t 统计量曲线

（直线为 $\alpha=0.02$ 显著性水平临界值）

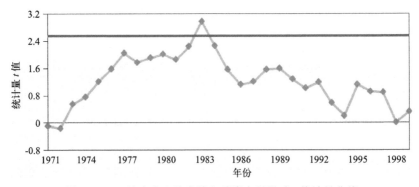

图 3.21　三峡水库上游流域冬季降水量滑动 t 统计量曲线

（直线为 $\alpha=0.05$ 显著性水平临界值）

3.3.2 降水日数突变检测

对三峡水库上游流域年降水日数(1971—1999 年)(图 3.22)采用滑动 t 检验检测其等级序列的突变,结果表明,当 $n_1 = n_2 = 10$ 时,$|t_0| \geqslant t_\alpha$ 通过了 $\alpha = 0.02$ 的信度水平检验(图 3.22),在 1998 年出现一个突变点,说明在 20 世纪 90 年代末经历了一次年降水日数由多变少的突变。

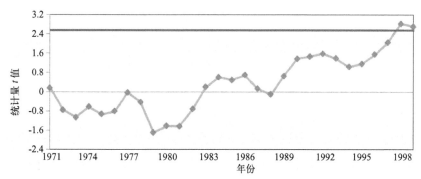

图 3.22　三峡水库上游流域降水日数滑动 t 统计量曲线
(直线为 $\alpha = 0.02$ 显著性水平临界值)

3.3.3 暴雨日数突变检测

3.3.3.1 年暴雨日数突变检测

对三峡水库上游流域年降水日数(1971—1999 年)(表 3.10 和图 3.23)采用滑动 t 检验检测其等级序列的突变,结果表明,当 $n_1 = n_2 = 10$ 时,$|t_0| \geqslant t_\alpha$ 未通过信度水平检验,说明年暴雨日数在近 49 年中无明显突变。

表 3.10　三峡水库上游流域及各水系年/季暴雨日数突变检测结果

区域	年暴雨日	春季暴雨日	夏季暴雨日	秋季暴雨日	冬季暴雨日
上游流域	——	——	1979(0.001)+	1977(0.02)— 1983(0.02)—	——

注:"—"表示降水量由多到少的突变,"+"表示降水量由少到多的突变;括号内数字见表 3.9 注。

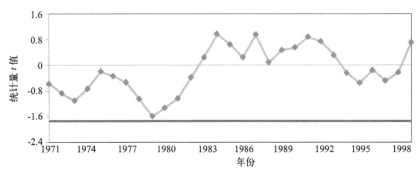

图 3.23　三峡水库上游流域年暴雨日数滑动 t 统计量曲线

（直线为 $\alpha=0.1$ 显著性水平临界值）

3.3.3.2　各季节暴雨日数突变检测

对三峡水库上游流域四季暴雨日数(1971—1999 年)(图 3.24～图 3.26)采用滑动 t 检验检测其等级序列的突变,结果表明,当 $n_1=n_2=10$ 时,春季 $|t_0|\geqslant t_a$ 未通过显著性水平检验,说明春季暴雨日数在近 49 年中无明显突变。夏季暴雨日数在 1979 年出现一个突变点,$|t_0|\geqslant t_a$ 通过了 $\alpha=0.001$ 的信度水平检验,说明在 20 世纪 70 年代末夏季暴雨日数经历了由少变多的突变。秋季暴雨日数在 1977、1983 年各出现一个突变点,$|t_0|\geqslant t_a$ 通过了 $\alpha=0.002$ 的信度水平检验,说明在 20 世纪 70 年代末和 80 年代初秋季暴雨日数经历了一次由多到少的突变。

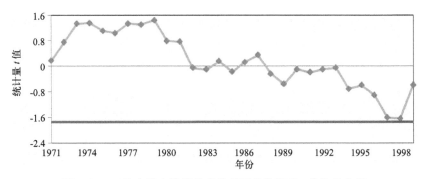

图 3.24　三峡水库上游流域春季暴雨日数滑动 t 统计量曲线

（直线为 $\alpha=0.1$ 显著性水平临界值）

长江上游降水及暴雨日数的突变主要集中在 20 世纪 70 年代末与 80 年代,其中又以夏季突变减少最为明显。

总之,通过对上游流域年和四季的降水量、降水日数及暴雨日数(1971—

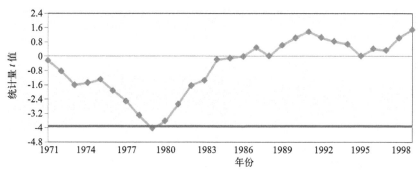

图 3.25　三峡水库上游流域夏季暴雨日数滑动 t 统计量曲线

（直线为 $\alpha = 0.001$ 显著性水平临界值）

图 3.26　三峡水库上游流域秋季暴雨日数滑动 t 统计量曲线

（直线为 $\alpha = 0.02$ 显著性水平临界值）

1999 年）采用滑动 t 检验检测其等级序列的突变,结果表明,年降水总量在 20 世纪 80 年代突变增加,与春季和秋季相同;夏季和冬季在 20 世纪 70 年代末与 80 年代突变减少;年降水日数在 90 年代末突变增加;年暴雨日数和春季暴雨日数无突变发生;夏季暴雨在 70 年代末突变减少,秋季暴雨在 70 年代末与 80 年代初突变增加;上游流域冬季无暴雨发生。

3.4　近 20 年来三峡水库上游流域降水情况分析

3.4.1　近 20 年来三峡水库上游流域年及四季不同等级降雨日数分析

三峡水库上游流域及其各水系不同等级降雨日数见表 3.11～表 3.17,金沙江发生大雨以上等级降水站次在各流域中最多,暴雨以上等级降水出现站次中等,而大暴雨以上等级出现站次较少;暴雨及大暴雨以上等级降水在嘉陵江发生最多,其次是岷沱江,重庆—宜昌发生最少。夏季为三峡水库上游流域及其各水系暴雨高发季节,秋季次之,冬季无暴雨等级降水发生。

表 3.11　三峡水库上游流域年/季各等级降水　　（单位:站次）

年份	年			春季			夏季			秋季			冬季		
	大雨	暴雨	大暴雨	大雨	暴雨	大暴雨	大雨	暴雨	大暴雨	大雨	暴雨	大暴雨	大雨	暴雨	大暴雨
1990	1737	124	11	391	15	0	874	97	11	451	12	0	21	0	0
1991	1597	132	25	263	9	2	944	102	22	362	21	1	28	0	0
1992	1580	104	9	385	17	0	824	76	5	347	11	4	24	0	0
1993	1676	118	26	262	7	0	966	100	24	380	11	2	68	0	0
1994	1591	95	8	280	10	0	821	61	4	455	24	4	35	0	0
1995	1645	119	16	228	12	1	992	90	14	397	17	1	28	0	0
1996	1534	123	22	310	12	2	886	94	19	332	17	1	6	0	0
1997	1509	82	7	306	5	0	799	68	7	361	9	0	43	0	0
1998	1817	180	21	329	23	2	1155	142	18	310	15	1	23	0	0
1999	1826	114	22	389	10	3	1029	84	16	389	20	3	19	0	0
2000	1719	125	21	283	6	1	1001	90	18	410	29	2	25	0	0
2001	1648	103	17	327	14	2	907	73	13	396	16	2	18	0	0
2002	1641	122	11	400	20	0	927	92	11	294	10	0	20	0	0
2003	1620	137	27	320	12	1	950	102	23	318	23	3	32	0	0
2004	1666	122	20	387	17	2	842	71	10	402	34	8	35	0	0
2005	1635	113	14	355	8	0	942	91	13	323	14	1	15	0	0
2006	1410	88	7	346	17	1	639	49	6	389	22	0	36	0	0
2007	1600	128	22	318	23	2	907	96	18	337	9	2	38	0	0
2008	1721	116	16	379	15	2	899	81	11	418	20	3	25	0	0
2009	991	84	14	219	1	0	571	68	13	197	15	1	4	0	0

表 3.12　宜宾—重庆流域年/季各等级降水　　（单位:站次）

年份	年			春季			夏季			秋季			冬季		
	大雨	暴雨	大暴雨	大雨	暴雨	大暴雨	大雨	暴雨	大暴雨	大雨	暴雨	大暴雨	大雨	暴雨	大暴雨
1990	150	15	0	55	5	0	50	10	0	37	0	0	8	0	0
1991	159	20	2	53	3	0	72	12	2	28	5	0	6	0	0
1992	151	10	0	52	3	0	58	7	0	35	0	0	6	0	0
1993	177	19	6	33	1	0	81	16	6	46	2	0	17	0	0
1994	163	15	1	48	4	0	64	8	0	41	3	1	10	0	0
1995	152	20	0	32	2	0	74	13	0	44	5	0	2	0	0
1996	176	17	2	45	2	0	70	11	1	59	4	1	2	0	0
1997	131	6	1	30	0	0	57	5	1	33	1	0	11	0	0
1998	197	30	3	58	4	0	106	23	3	28	3	0	5	0	0
1999	173	13	2	59	3	0	65	9	2	47	1	0	2	0	0

年份	年			春季			夏季			秋季			冬季		
	大雨	暴雨	大暴雨	大雨	暴雨	大暴雨	大雨	暴雨	大暴雨	大雨	暴雨	大暴雨	大雨	暴雨	大暴雨
2000	160	18	3	26	2	0	73	13	3	57	3	0	4	0	0
2001	128	6	1	42	1	0	43	5	1	32	0	0	11	0	0
2002	194	10	0	82	1	0	70	6	0	32	3	0	10	0	0
2003	187	24	1	60	3	1	71	16	0	49	5	0	7	0	0
2004	180	21	2	51	4	0	66	10	1	58	7	1	5	0	0
2005	155	18	0	47	1	0	70	15	0	38	2	0	0	0	0
2006	119	11	0	39	2	0	34	3	0	40	6	0	6	0	0
2007	186	14	0	56	7	0	78	6	0	38	1	0	14	0	0
2008	179	15	1	49	2	0	83	13	1	43	0	0	4	0	0
2009	90	10	2	39	0	0	36	6	1	15	4	1	0	0	0

表 3.13　金沙江流域年/季各等级降水　　　　　　　　　　（单位:站次）

年份	年			春季			夏季			秋季			冬季		
	大雨	暴雨	大暴雨	大雨	暴雨	大暴雨	大雨	暴雨	大暴雨	大雨	暴雨	大暴雨	大雨	暴雨	大暴雨
1990	618	16	0	104	1	0	365	14	0	149	1	0	0	0	0
1991	634	19	2	49	0	0	418	12	2	162	7	0	5	0	0
1992	482	10	0	59	0	0	296	7	0	121	3	0	6	0	0
1993	555	20	2	45	0	0	373	17	1	122	3	1	15	0	0
1994	552	17	0	59	0	0	355	13	0	128	4	0	10	0	0
1995	621	19	1	42	0	0	421	16	1	153	3	0	5	0	0
1996	539	19	0	89	1	0	344	15	0	103	3	0	3	0	0
1997	563	21	0	47	0	0	358	19	0	153	2	0	5	0	0
1998	703	40	1	64	0	0	516	38	1	121	2	0	2	0	0
1999	673	27	3	101	1	1	436	23	2	129	3	0	7	0	0
2000	627	16	2	78	2	0	403	12	0	138	2	0	8	0	0
2001	649	24	2	101	1	0	404	18	2	144	5	0	0	0	0
2002	589	25	0	82	3	0	402	21	0	103	1	0	2	0	0
2003	567	16	2	57	2	0	387	11	2	114	3	0	9	0	0
2004	569	14	3	85	0	0	358	9	1	122	5	2	4	0	0
2005	551	21	3	60	0	0	384	16	3	100	5	0	7	0	0
2006	480	25	1	78	2	0	271	20	1	126	3	0	5	0	0
2007	547	26	0	97	2	0	325	19	0	117	4	0	8	0	0
2008	609	19	1	92	2	0	390	17	1	117	2	0	10	0	0
2009	327	7	0	37	0	0	238	7	0	51	0	0	1	0	0

表 3.14　乌江流域年/季各等级降水　　　　　　　　　　　　（单位:站次）

年份	年			春季			夏季			秋季			冬季		
	大雨	暴雨	大暴雨	大雨	暴雨	大暴雨	大雨	暴雨	大暴雨	大雨	暴雨	大暴雨	大雨	暴雨	大暴雨
1990	190	11	0	58	1	0	77	8	0	52	2	0	3	0	0
1991	199	21	6	39	1	0	124	17	5	27	3	1	9	0	0
1992	200	21	2	75	6	0	83	13	1	36	2	1	6	0	0
1993	219	16	3	43	2	0	113	13	3	48	1	0	15	0	0
1994	248	9	0	69	1	0	91	6	0	84	2	0	4	0	0
1995	213	23	2	48	4	0	109	17	2	43	2	0	13	0	0
1996	240	31	4	54	3	0	147	24	4	38	4	0	1	0	0
1997	231	10	2	66	2	0	91	6	2	59	2	0	15	0	0
1998	196	32	7	50	6	1	103	24	6	38	2	0	5	0	0
1999	224	23	3	54	0	0	134	19	3	30	4	0	6	0	0
2000	234	22	3	47	0	0	120	15	3	64	7	0	3	0	0
2001	210	20	3	57	6	1	109	9	2	42	5	0	2	0	0
2002	230	24	3	68	8	0	122	16	3	33	0	0	7	0	0
2003	176	22	4	57	2	0	82	18	4	22	2	0	15	0	0
2004	220	27	3	69	7	0	95	16	3	42	4	0	14	0	0
2005	193	12	4	68	1	0	86	8	4	34	3	0	5	0	0
2006	189	13	3	58	5	1	74	4	2	53	4	0	4	0	0
2007	215	14	1	41	4	0	127	9	1	40	1	0	7	0	0
2008	237	19	2	60	0	0	105	15	2	69	4	0	3	0	0
2009	31	3	0	14	0	0	11	2	0	5	1	0	1	0	0

表 3.15　嘉陵江流域年/季各等级降水　　　　　　　　　　　　（单位:站次）

年份	年			春季			夏季			秋季			冬季		
	大雨	暴雨	大暴雨	大雨	暴雨	大暴雨	大雨	暴雨	大暴雨	大雨	暴雨	大暴雨	大雨	暴雨	大暴雨
1990	257	35	4	62	5	0	126	28	4	63	2	0	6	0	0
1991	193	26	8	46	4	2	104	21	6	43	1	0	0	0	0
1992	285	32	4	76	4	0	149	25	3	59	3	1	1	0	0
1993	259	38	7	52	3	0	139	33	7	58	2	0	10	0	0
1994	210	25	3	32	4	0	100	15	2	71	6	1	7	0	0
1995	213	24	1	25	2	0	127	18	1	58	4	0	3	0	0
1996	180	17	3	29	3	0	100	12	3	51	2	0	0	0	0
1997	182	18	0	61	1	0	78	14	0	33	3	0	10	0	0
1998	254	43	5	67	10	1	149	30	4	32	3	0	6	0	0
1999	232	17	1	54	0	0	116	14	1	62	3	0	0	0	0
2000	257	42	7	37	1	1	153	29	5	65	12	1	2	0	0

年份	年			春季			夏季			秋季			冬季		
	大雨	暴雨	大暴雨	大雨	暴雨	大暴雨	大雨	暴雨	大暴雨	大雨	暴雨	大暴雨	大雨	暴雨	大暴雨
2001	212	21	4	31	2	0	102	15	3	78	4	1	1	0	0
2002	194	25	4	69	4	0	89	16	4	36	5	0	0	0	0
2003	256	40	12	57	4	0	139	28	10	60	8	2	0	0	0
2004	247	30	9	68	3	2	100	14	2	71	13	5	8	0	0
2005	257	32	5	45	2	0	146	28	4	66	2	1	0	0	0
2006	187	21	2	60	6	0	67	8	2	53	7	0	7	0	0
2007	237	43	16	42	6	2	141	34	12	50	3	2	4	0	0
2008	245	33	7	55	8	2	117	14	3	71	11	2	2	0	0
2009	212	35	3	60	1	0	99	26	3	53	8	0	0	0	0

表 3.16　岷沱江流域年/季各等级降水　　　　　　　　　（单位：站次）

年份	年			春季			夏季			秋季			冬季		
	大雨	暴雨	大暴雨	大雨	暴雨	大暴雨	大雨	暴雨	大暴雨	大雨	暴雨	大暴雨	大雨	暴雨	大暴雨
1990	350	39	7	68	1	0	188	31	7	92	7	0	2	0	0
1991	265	30	6	48	0	0	149	27	6	67	3	0	1	0	0
1992	304	22	2	55	3	0	178	17	1	68	2	1	3	0	0
1993	313	14	8	57	1	0	181	10	7	73	3	1	2	0	0
1994	268	21	2	45	0	0	144	15	1	78	6	1	1	0	0
1995	286	22	9	54	1	0	171	18	8	59	3	1	2	0	0
1996	257	18	8	60	2	2	139	15	6	58	1	0	0	0	0
1997	246	19	4	65	2	0	139	16	4	41	1	0	1	0	0
1998	286	22	3	59	2	0	162	15	2	62	5	1	3	0	0
1999	323	17	7	76	3	1	166	6	4	81	8	2	0	0	0
2000	269	16	4	53	0	0	160	15	3	52	1	1	4	0	0
2001	292	27	6	58	4	1	166	22	4	67	1	1	1	0	0
2002	245	21	3	54	3	0	132	18	3	58	0	0	1	0	0
2003	284	21	6	56	0	0	180	19	6	48	2	0	0	0	0
2004	279	18	3	57	1	0	146	15	3	76	2	0	0	0	0
2005	307	19	2	69	3	0	182	14	2	55	2	0	1	0	0
2006	292	10	1	74	0	0	139	9	1	73	1	0	6	0	0
2007	247	17	3	45	2	0	148	15	3	52	0	0	2	0	0
2008	287	20	4	78	3	0	140	14	3	68	3	1	1	0	0
2009	249	19	7	51	0	0	139	17	7	59	2	0	0	0	0

表 3.17　重庆—宜昌流域年/季各等级降水　　　　（单位：站次）

年份	年			春季			夏季			秋季			冬季		
	大雨	暴雨	大暴雨	大雨	暴雨	大暴雨	大雨	暴雨	大暴雨	大雨	暴雨	大暴雨	大雨	暴雨	大暴雨
1990	172	8	0	44	2	0	68	6	0	58	0	0	2	0	0
1991	147	16	1	28	1	0	77	13	1	35	2	0	7	0	0
1992	158	9	1	68	1	0	60	7	0	28	1	1	2	0	0
1993	153	11	0	32	0	0	79	11	0	33	0	0	9	0	0
1994	150	8	2	27	1	0	67	4	1	53	3	1	3	0	0
1995	160	11	3	27	3	1	90	8	2	40	0	0	3	0	0
1996	142	21	5	33	1	0	86	17	5	23	3	0	0	0	0
1997	156	8	0	37	0	0	76	8	0	42	0	0	1	0	0
1998	181	13	2	31	1	0	119	12	2	29	0	0	2	0	0
1999	201	17	6	45	3	1	112	13	4	40	1	1	4	0	0
2000	172	11	2	42	1	0	92	6	2	34	4	0	4	0	0
2001	157	5	1	38	0	0	83	4	1	33	1	0	3	0	0
2002	189	17	1	45	1	0	112	15	1	32	1	0	0	0	0
2003	150	14	2	33	1	0	91	10	1	25	3	1	1	0	0
2004	171	12	0	57	2	0	77	7	0	33	3	0	4	0	0
2005	172	11	0	66	1	0	74	10	0	30	0	0	2	0	0
2006	143	8	0	37	2	0	54	5	0	44	1	0	8	0	0
2007	168	14	2	37	1	0	88	13	2	40	0	0	3	0	0
2008	164	10	1	45	2	0	64	8	1	50	0	0	5	0	0
2009	82	10	2	18	0	0	48	10	2	14	0	0	2	0	0

3.4.2　近 20 年来三峡水库上游流域年不同等级降雨日数分析

上游流域近 20 年来平均每年每站出现大雨以上等级降水日数为 25.9 d，最多为 29.0 d(1999 年)，1998 年以 28.8 d 次之，2006 年出现最少，为 22.4 d。整体呈波动下降趋势，下降速率为 −0.69 d/10a（图 3.27）。

上游流域近 20 年来平均每年每站出现暴雨以上等级降水日数为 1.9 d，最多为 2.9 d(1998 年)，2003 年以 2.2 d 次之，1997 年出现最少，为 1.3 d。整体基本呈无变化趋势（图 3.28）。

上游流域近 20 年来平均每年每站出现大暴雨以上等级降水日数为 0.27 d，最多为 0.43 d(2003 年)，1993 年以 0.41 d 次之，2006 年与 1997 年出现并列最少，为 0.11 d。整体不明显呈波动上升趋势，上升速率为 0.013 d/10a（图 3.29）。

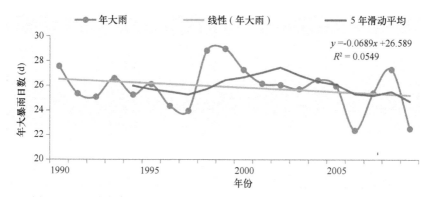

图 3.27　三峡水库上游流域大雨日数逐年变化(单位:d,1990—2009 年)

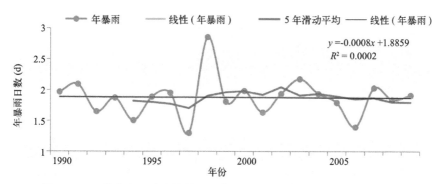

图 3.28　三峡水库上游流域暴雨日数逐年变化(单位:d,1990—2009 年)

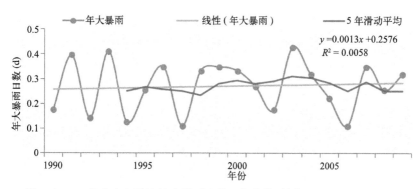

图 3.29　三峡水库上游流域大暴雨日数逐年变化(单位:d,1990—2009 年)

　　总之,上游流域近 20 年来三个等级降雨日数在 1998、1999 年明显偏多,而在 1994、1997、2006 年明显偏少。

3.4.3 近 20 年来三峡水库上游流域四季不同等级降雨日数分析

3.4.3.1 近 20 年来三峡水库上游流域春季不同等级降雨日数分析

上游流域近 20 年来春季平均每年每站出现大雨以上等级降水日数为 5.2 d,最多为 6.3 d(2002 年),1999 年以 6.2 d 次之,1995 年出现最少,为 3.6 d。整体呈波动上升趋势,上升速率为 0.39 d/10a(图 3.30)。

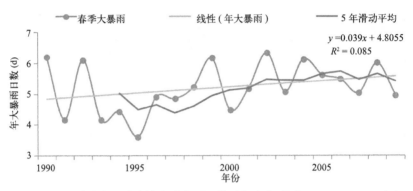

图 3.30　三峡水库上游流域春季大雨日数逐年变化(单位:d,1990—2009 年)

上游流域近 20 年来春季平均每年每站出现暴雨以上等级降水日数为 0.20 d,最多为 0.37 d(1998、2002 年),2009 年出现最少,为 0.023 d。整体呈缓慢上升趋势,上升速率为 0.016 d/10a(图 3.31)。

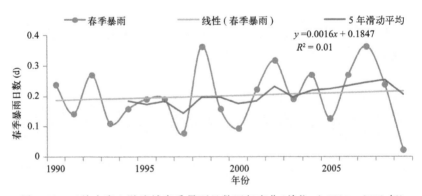

图 3.31　三峡水库上游流域春季暴雨日数逐年变化(单位:d,1990—2009 年)

上游流域近 20 年来春季平均每年每站出现大暴雨以上等级降水日数为 0.021 d,其中 1999 年出现最多,为 0.048 d,有 8 年未出现(图 3.32)。

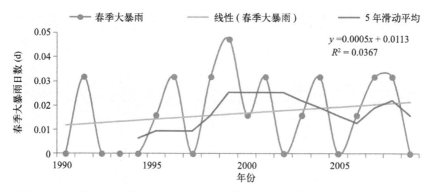

图 3.32　三峡水库上游流域春季大暴雨日数逐年变化（单位:d,1990—2009 年）

总之,上游流域近 20 年来春季干旱年为 1991、1995 年,偏涝年为 1990、1999、2002、2004 年,与所统计三个等级降雨日数基本相符。春季旱涝原因可能是:当西伯利亚至鄂霍次克海和欧洲出现高度正（负）距平,而乌拉尔山地区负（正）距平时,有利于春季长江上游降水偏多（少）;中东太平洋发生厄尔尼诺（拉尼娜）现象时,长江上游春季降水易于偏少（多）。

3.4.3.2　近 20 年来三峡水库上游流域夏季不同等级降雨日数分析

上游流域近 20 年来夏季平均每年每站出现大雨以上等级降水日数为 14.4 d,最多为 18.3 d(1998 年),1999 年以 16.3 d 次之,2006 年出现最少,为 10.1 d。整体呈波动下降趋势,下降速率为－0.54 d/10a(图 3.33)。

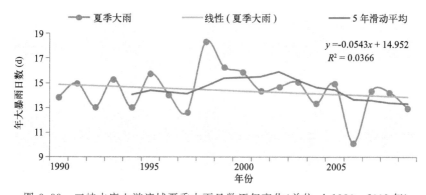

图 3.33　三峡水库上游流域夏季大雨日数逐年变化（单位:d,1990—2009 年）

上游流域近 20 年来夏季平均每年每站出现暴雨以上等级降水日数为 1.4 d,最多为 2.3 d(1998 年),1991 年与 2003 年以 1.6 d 次之,2006 年出现最少,为 0.78 d。整体呈不明显下降趋势,下降速率为－0.069 d/10a(图 3.34)。

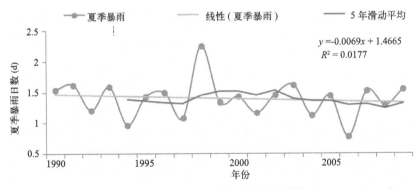

图 3.34　三峡水库上游流域夏季暴雨日数逐年变化(单位:d,1990—2009 年)

　　上游流域近 20 年来夏季平均每年每站出现大暴雨以上等级降水日数为 0.22 d,最多为 0.38 d(1993 年),2003 年以 0.37 d 次之,1994 年出现最少,为 0.063 d。整体基本无变化趋势(图 3.35)。

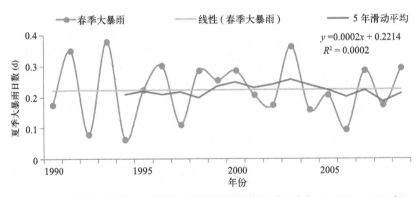

图 3.35　三峡水库上游流域夏季大暴雨日数逐年变化(单位:d,1990—2009 年)

　　总之,上游流域近 20 年来夏季干旱年为 1992、1994、1997、2006 年,偏涝年为 1991、1993、1998、1999、2000 年,与所统计的三个等级降雨日数相符。夏季旱涝原因可能是:位于北半球中高纬乌拉尔山以西的槽加深且位置偏东,导致经向环流加强和乌拉尔山高压脊东移,同时副高偏南偏强偏西,有利于长江上游降水偏多。从海温相关场看当南海海温偏高(低),澳大利亚东侧海温偏高(低)时,西太平洋副高较强并偏南西伸(较弱并偏北偏东),从而造成长江上游降水偏多(少)。

3.4.3.3　近 20 年来三峡水库上游流域秋季不同等级降雨日数分析

　　上游流域近 20 年来秋季平均每年每站出现大雨以上等级降水日数为 5.8 d,最多为 7.22 d(1994 年),1990 年以 7.16 d 次之,2009 年出现最少,为 4.5 d。

整体呈波动下降趋势,下降速率为-0.46 d/10a(图 3.36)。

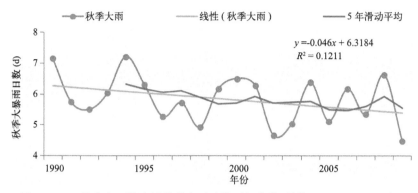

图 3.36　三峡水库上游流域秋季大暴雨日数逐年变化(单位:d,1990—2009 年)

上游流域近 20 年来秋季平均每年每站出现暴雨以上等级降水日数为 0.28 d,最多为 0.54 d(2004 年),2000 年以 0.46 d 次之,1997 年与 2007 年出现最少,为 0.14 d。整体呈波动上升趋势,上升速率为 0.045 d/10a(图 3.37)。

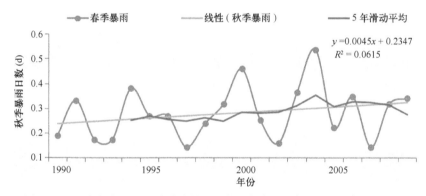

图 3.37　三峡水库上游流域秋季暴雨日数逐年变化(单位:d,1990—2009 年)

上游流域近 20 年来秋季平均每年每站出现大暴雨以上等级降水日数为 0.039 d,其中 2004 年出现最多,为 0.12 d,有 4 年未出现(图 3.38)。

总之,上游流域近 20 年来秋季干旱年为 2002、2008 年,偏涝年为 1991、1994 年,与所统计的三个等级降雨日数不太相符。秋季旱涝原因可能是:当副热带高压偏弱(强),印缅槽偏强(弱),中高纬呈现两脊(槽)一槽(脊)分布型发展,而极地为负(正)异常,有利于长江上游秋季降水偏多(少)。从海温的相关场看,正好与夏季呈相反的分布形态,即当南海及印尼附近海温为负(正)距平时,对应降水偏多(少)。另外一个显著的负相关区位于阿留申附近。

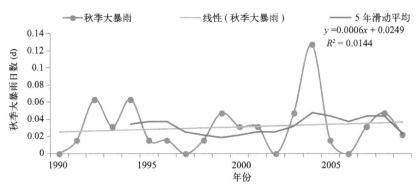

图 3.38　三峡水库上游流域秋季大暴雨日数逐年变化(单位:d,1990—2009 年)

3.4.3.4　近 20 年来三峡水库上游流域冬季不同等级降雨日数分析

上游流域近 20 年来冬季平均每年每站出现大雨以上等级降水日数为 0.43 d,最多为 1.08 d(1993 年),1997 年以 0.68 d 次之,2009 年出现最少,为 0.091 d。整体呈缓慢下降趋势,下降速率为−0.077 d/10a(图 3.39)。

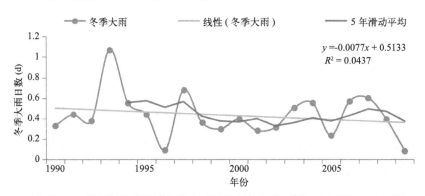

图 3.39　三峡水库上游流域冬季大雨日数逐年变化(单位:d,1990—2009 年)

总之,春季大雨、暴雨、大暴雨以上等级降水日数均呈下降趋势;夏季大雨以上等级降水呈下降趋势,暴雨及大暴雨以上等级降水日数基本无变化。秋季大雨以上等级降水呈上升趋势,暴雨及大暴雨以上等级降水呈不明显下降趋势。冬季大雨以上等级降水呈下降趋势,无暴雨以上等级降水发生。

3.4.4　近 20 年来三峡水库上游流域极端暴雨过程分析

对上游流域近 20 年来主汛期(6—8 月)逐日暴雨以上站次进行统计,据此挑选出 13 次极端暴雨过程,过程日数在 2～7 d。单站最大日降水量为 326.8 mm(1996 年 7 月 28 日)出现在乐山,其次为 271.0 mm(2007 年 7 月 17

日)出现在重庆。最大过程降水量为 355.2 mm(重庆),其次为 326.8 mm(乐山)。7 月为暴雨过程的高发季节,其中有 7 次过程发生在 7 月,3 次发生在 8 月,1 次发生在 6 月,另有 2 次发生在 6—7 月和 7—8 月间。极端暴雨过程在 7 月发生最多,降水强度较大站点较为集中(表 3.18)。

表 3.18 近 20 年来三峡水库上游流域极端暴雨过程

暴雨过程	过程日数(d)	中雨及以上站次	大雨及以上站次	暴雨及以上站次	大暴雨及以上站次	最大过程降水量(mm)	单站最大日降水量(mm)	过程总雨量(mm)
1990 年 7 月 17—18 日	2	43	21	9	2	178.5 乐山	178.5(7 月 17 日) 乐山	1606.1
1991 年 6 月 29 日—7 月 5 日	7	116	57	27	6	2812 酉阳	177.8(7 月 3 日) 思南	4915.1
1993 年 7 月 29—30 日	2	37	23	11	3	207.8 峨眉山	200.7(7 月 29 日) 峨眉山	1864.6
1996 年 7 月 28—29 日	2	36	18	8	3	326.8 乐山	326.8(7 月 28 日) 乐山	1730.9
1998 年 8 月 26—28 日	3	57	23	8	1	120.0 乐山	112.0(8 月 27 日) 毕节	1975.3
1999 年 7 月 14—16 日	3	88	46	19	3	201.9 郘通	188.5(7 月 14 日) 郘通	3302.6
2002 年 8 月 8—9 日	2	51	21	12	0	112.3 阆中	90.9(8 月 8 日) 阆中	2057.2
2003 年 6 月 24—26 日	3	53	25	14	2	156.3 阆中	152.4(6 月 24 日) 阆中	2234.2
2003 年 8 月 29—31 日	3	55	24	12	6	245.1 巴中	151.8(8 月 31 日) 万源	2438.2
2005 年 7 月 8—10 日	3	79	36	16	4	202.3 酉阳	152.3(8 月 10 日) 思南	2885.2
2007 年 7 月 16—19 日	4	72	35	13	5	355.2 重庆	271.0(7 月 17 日) 重庆	3043.4
2008 年 7 月 21—22 日	2	40	21	14	4	2261 乐山	226.1(7 月 21 日) 乐山	2020.4
2009 年 7 月 31 日—8 月 4 日	5	68	36	17	2	201.0 重庆	164.8(8 月 4 日) 重庆	2824.5

参考文献

车涛,李欣. 2005. 1993—2002年中国积雪水资源时空分布与变化特征[J]. 冰川冻土,**27**(1):64-67.

陈桂蓉,程根伟. 1997. 长江上游干旱灾害分析及防灾减灾措施[J]. 长江流域资源与环境,(1):67-82.

陈家其,施雅风,张强,张增信. 2006. 从长江上游近500年历史气候看1860、1870年大洪水气候变化背景[J]. 湖泊科学,(5).

陈进,黄薇. 2005. 未来长江流域水资源配置的思考[J]. 水利水电快报,**26**(17):1-3,7.

陈进,黄薇,张卉. 2006. 长江上游水电开发对流域生态环境影响初探[J]. 水利发展研究,**6**(8):10-13.

府仁寿,齐梅兰,方红卫,等. 2005. 长江宜昌至汉口河段输沙特性分析[J]. 水利学报,(1).

贾汀. 2007. 2006年全国旱灾及抗旱减灾情况[J]. 防汛抗旱.

姜彤. 2007. 极端天气事件和重大水利工程加剧长江水矛盾[N]. 科学时报.

姜彤,苏布达,Gemmer M. 2008. 长江流域降水极值的变化趋势[J]. 水科学进展,**19**(5).

姜彤,苏布达,王艳君,等. 2005. 四十年来长江流域气温、降水与径流变化趋势[J]. 气候变化研究进展,**1**(2):65-68.

鞠笑生,杨新为,陈丽娟,等. 1997. 我国单站旱涝指标确定和区域旱涝级别划分的研究[J]. 应用气象学报,**8**(1):26-33.

鞠笑生,邹旭恺,张强. 1998. 气候旱涝指标方法及其分析[J]. 自然灾害学报,**7**(3):51-57.

刘波,姜彤,任国玉,等. 2008. 2050年前长江流域地表水资源变化趋势[J]. 气候变化研究进展,**4**(3):145-150.

濮冰,王绍武,朱锦红. 2007a. 中国东部四季降水量变化空间结构的研究[J]. 北京大学学报(自然科学版),(43):620-629.

水利部长江水利委员会. 2007. 长江流域及西南诸河水资源公报:2006[R]. 武汉:长江出版社.

苏布达,姜彤,任国玉. 2006. 长江流域1960—2004年极端强降水时空变化趋势[J]. 气候变化研究进展,**2**(1):9-14.

谭桂容,孙照渤,陈海山. 2002. 旱涝指数的研究[J]. 南京气象学院学报,**25**(2):153-158.

唐国利,任国玉. 2005. 近百年中国地表气温变化趋势的再分析[J]. 气候与环境研究,**10**(4):791-798.

唐国平,李秀彬,刘燕华. 2000. 全球气候变化下水资源脆弱性及其评估方法[J]. 地球科学进展,**15**(3):313-317.

王绍武,蔡静宁,朱锦红,等. 2002. 19世纪80年代到20世纪90年代中国降水量的年代际变化[J]. 气象学报,(60):637-639.

王绍武,叶瑾琳,龚道溢,等. 1998. 近百年中国年气温序列的建立[J]. 应用气象学报,**9**(4)：392-401.

王绍武,翟盘茂,蔡静宁,等. 2003. 中国西部降水增加了吗？[J]. 气候变化通讯,**2**(5):8-9.

王欣,谢自楚,冯清华,等. 2005. 长江源区冰川对气候变化的响应[J]. 冰川冻土,**27**(4)：498-510.

闻新宇,王绍武,朱锦红,等. 2006. 英国 CRU 高分辨率格点资料揭示的 20 世纪中国气候变化[J]. 大气科学,(30);894-904.

吴豪,虞孝感. 2001. 许刚.长江源区冰川对全球气候变化的影响[J]. 地理学与国土研究,**17**(4):1-5.

许继军,杨大文,雷志栋,等. 2008. 长江上游干旱评估方法初步研究[J]. 人民长江,(11)：79-85.

许继军,杨大文,刘志雨,等. 2007. 基于分布式水文模型的长江三峡以上流域水资源时空变异性分析[J]. 水文,**27**(3)：10-15.

杨桂山,马超德,常思勇. 2009. 长江保护与发展报告[M]. 武汉:长江出版社.

杨建平,丁永建,陈仁升,等. 2004. 长江黄河源区多年冻土变化及其生态环境效应[J]. 山地学报,**22**(3):278-285.

杨勇. 2007. 长江源冰川—加剧退缩的"中国水塔". htPS://www. alpinist. cn/Article_show. asp? ArticleID=7974.

郁淑华. 1996. 长江上游致洪暴雨预报研究[J]. 四川气象,**16**(4);19-23.

袁文平,周广胜. 2004. 标准化降水指标与 Z 指数在我国应用的对比分析[J]. 植物生态学报,**28**(4)：523-529.

张峰,王秀珍,黄敬峰,等. 2009. 基于 GIS 的浙江省旱涝灾害时空分析[J]. 科技通报,(6)：25-30.

张葵,刘庆,杨德保,等. 2009. 三峡库区上游(川渝地区)旱涝指标研究[J]. 安徽农业科学,(12);35-39.

章淹,黄忠恕,范钟秀,等. 1993. 长江三峡致洪暴雨与洪水的中长期预报[M]. 北京:气象出版社.

朱业玉,王记芳,武鹏. 2006. 降水 Z 指数在河南旱涝监测中的应用[J]. 河南气象,(4)：12-14.

JIANG T，SU B，HEIKE H. 2007. Temporal and spatial trends of precipitation and river flow in the Yangtze River Basin, 1961—2000[J]. *Geomorphology*, **85**(3-4):143-154.

LIU B，JIANG T，REN G, et al. 2009. Projected surface water resource of the Yangtze River Basin Before 2050[J]. *Advances in Climate Change Research*, **5**(Suppl.):54-59.

LUO Y，ZHAO Z C，XU Y, et al. 2005. Projections of climate change over China for the 21st century[J]. *Acta Meteorologica Sinica*, **19**(4)：401-406.

LU X X, JIANG T. 2009. Larger Asian rivers: Climate change, river flow and sediment flux [J]. *Quaternary International*, **208**(1-2):1-3.

MA X Y,GUO Y, SHI G, et al. 2004. Numerical simulation of global temperature change over the 20th century with IAP/LASG GOALS models[J]. *Adv. Atmos. Sci*,(21): 234-242.

MCKEE T B, DOESKEN N J, KLEIST J. 1993. The relationship of drought frequency and duration to time scales, Proceeding of 8th Conference on Applied Climatology[C]. American Meteorological Society, Boston, Massachusetts: 179-184.

SLINGO J, INNESS P, NEALE R, et al. 2003. Scale interactions on diurnal to seasonal timescales and their relevance to model systematic errors[J]. *Ann. Geophys*, (46): 139-155.

SOLOMON S,QIN D,MANNING M,et al. 2007. The Physical Science Basis[M]. Cambridge University Press.

SU B D, JIANG T, JIN W. 2006. Recent trends in temperature and precipitation extremes in the Yangtze River basin, China[J]. *Theoretical and Applied Climatology*, **83**(1-4): 139-151.

SUN Y, SOLOMON S, DAI A. 2006. How often does it rain? [J]. *J. Climate*, (19): 916-934.

WANG S, ZHOU T, CAI J, et al. 2004. Abrupt climate change around 4 ka BP: Role of the thermohaline circulation as indicated by a GCM experiment[J]. *Adv. Atmos. Sci.*, **21**(2): 291-295.

XIONG M, XU Q X, YUAN J. 2009. Analysis of multi-factors affecting sediment load in the Three Gorges Reservoir[J]. *Quaternary International*, **208**(1-2): 76-84.

XU Y, XU C H, GAO X J, et al. 2009. Projected changes in temperature and precipitation extremes over the Yangtze River Basin of China in the 21st century[J]. *Quaternary International*, **208**(1-2):44-52.

ZBIGNIEW W, KUNDZEWICZ, DAISUKE N, et al. 2009. Discharge of large Asian rivers-Observations and projections[J]. *Quaternary International*, **208**(1-2):4-10.

ZHOU T J,YU R C. 2006. Twentieth century surface air temperature over China and the globe simulated by coupled climate models[J]. *Journal of Climate*, **19**(22):5843-5858.

第 4 章

三峡水库上游流域旱涝气候特征分析

　　基于对单站及区域旱涝指标的研究,并分析其合理性,选取 Z 指数作为研究长江流域上游的旱涝指标。根据旱涝指数计算方法及等级划分标准,分别计算长江流域上游年、春、夏、秋、冬各级旱涝频率。从年、季时间尺度上分析上游流域旱涝的年代际变化特征;参考出现各级旱涝的台站百分率及干旱指数、雨涝指数,确定年及四季旱涝典型年份。从大气环流和海温等影响因子,分析上游流域典型旱涝年的形成机理。

4.1　资料与方法

4.1.1　研究区域及资料

　　三峡库区位于长江三峡以上流域四川盆地东部沿江两岸,总面积为 10.6×10^4 km²,北纬 30°线横贯整个库区,属中亚热带季风性湿润气候,由于受亚洲大陆东部和南部的太平洋、印度洋本身热力状况及其差异影响,加上青藏高原大地形的动力和热力作用,形成了明显的季风气候及相应的亚热带常绿阔叶林景观(图 4.1)。

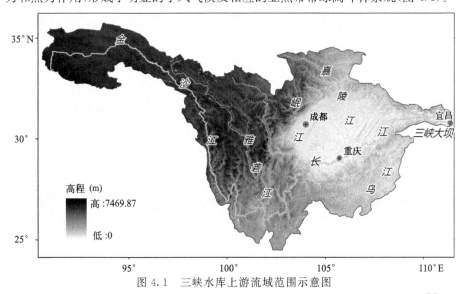

图 4.1　三峡水库上游流域范围示意图

选取长江上游流域 1961 年 1 月—2009 年 2 月资料完整的 63 个气象站逐日温度、降水资料,所选站点基本均匀分布,如图 4.2 所示。

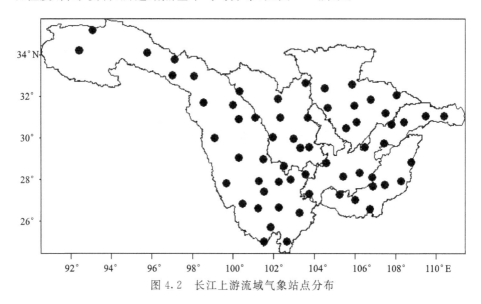

图 4.2　长江上游流域气象站点分布

4.1.2　单站旱涝指标确定

目前定义的旱涝标准较多,Z 指数基于某一时段降水量一般并不服从正态分布而服从 Person—III 分布的事实,首先对降水量进行正态化处理,将其概率密度函数 Person—III 型分布转换为以 Z 为变量的标准正态分布,然后根据 Z 变量的正态分布曲线,划分等级并确定其相应的 Z 界限值作为各级旱涝指标(鞠笑生等,1997;鞠笑生等,1998)。前人研究认为(谭桂容等,2002;朱业玉等,2006;张峰等,2009),Z 指数消除了降水量平均值不同的影响,对旱涝程度具有一定的反映能力,是单站划分旱涝的较好指标。因此,本章以 Z 指数作为单站旱涝指标,其计算方法如下:

$$Z = \frac{6}{C_s} \left[\frac{C_s}{2} X_i + 1 \right]^{1/3} - \frac{6}{C_s} + \frac{C_s}{6} \tag{4-1}$$

式中:X_i 为降水的标准化变量,C_s 为偏态系数,即约翰逊(Johnson)偏度系数,X_i、C_s 均可由样本数为 n 的降水量(R_i)资料求得,计算公式为:

$$C_s = \frac{\sum\limits_{i=1}^{n} (R_i - \overline{R})^3}{nS^3} \tag{4-2}$$

$$X_i = \frac{R_i - \overline{R}}{S} \tag{4-3}$$

式中，$S = \sqrt{\dfrac{\sum\limits_{i=1}^{n}(R_i - \overline{R})^2}{n}}$，$\overline{R} = \dfrac{1}{n}\sum\limits_{i=1}^{n} R_i$。

参考相关文献(朱业玉等,2006),并根据长江上游各站点 Z 值概率分布情况,确定 Z 指数划分旱涝等级的标准如表 4.1 所示。

表 4.1　Z 指数旱涝划分标准

等级	Z 值	类型
1	$Z>1.645$	重涝
2	$1.037<Z\leqslant1.645$	大涝
3	$0.542<Z\leqslant1.037$	偏涝
4	$-0.542\leqslant Z\leqslant0.542$	正常
5	$-1.037\leqslant Z<-0.542$	偏旱
6	$-1.645\leqslant Z<-1.037$	大旱
7	$Z<-1.645$	重旱

4.1.3　区域旱涝指标确定

由于长江上游面积广阔,大部分年份旱和涝会同时出现,为了定量反映该区域旱涝程度,应确定一个既能反映区域旱涝强度特征,又能反映旱涝空间分布特征的区域旱涝指标。通过首先统计长江上游各站历年(1—12 月)、春季(3—5 月)、夏季(6—8 月)、秋季(9—11 月)、冬季(12 月至次年 2 月)雨量,然后利用式(4-1)求得三峡库区上游各站点年及四季 Z 值序列,根据表 4.1 标准对长江上游各站点旱涝等级进行划分,统计历年不同旱涝等级站数,考虑到区域内单站旱涝对于区域旱涝的贡献应该与相应的旱涝等级在该区域出现的概率成反比,因此,对不同等级旱涝站数加权平均,构建长江上游流域旱涝指数:

$$I = I_F - I_D \tag{4-4}$$

式中,$I_F = \sum\limits_{i=1}^{3}\dfrac{n_i}{P_i} + \dfrac{n_4^+}{P_4}$,$I_D = \sum\limits_{i=5}^{7}\dfrac{n_i}{P_i} + \dfrac{n_4^-}{P_4}$,$I_F$ 为雨涝指数,I_D 为干旱指数,n_i 为某年长江上游流域第 i 旱涝等级出现站数,P_i 为长江上游流域第 i 级旱涝等级出现频率,n_4^+ 为某年区域内正 4 级站数,n_4^- 为某年区域内负 4 级站数。

4.2 旱涝指标及典型旱涝年的确定

4.2.1 区域旱涝指标的合理性分析

根据旱涝指数计算方法及等级划分标准,分别计算统计年、春、夏、秋、冬各级旱涝频率,从表 4.2 可以看出,年、四季旱涝等级中正常占 39.34%～42.08%,偏涝占 13.07%～14.71%,偏旱占 13.81%～15.69%,大旱占9.23%～10.78%,大涝占 9.23%～11.15%,重旱 4.21%～5.72%,重涝 4.94%～5.84%,无论是年还是四季旱涝等基本上是正常占40%左右,偏涝、偏旱分别为15%左右,大旱、大涝10%为左右,重旱、重涝5%左右,与理论频率基本一致。因此,选择 Z 指数作为旱涝指标以表 4.1 的标准进行旱涝等级划分较为合理。

表 4.2 长江上游 Z 指数划分不同旱涝等级频率统计　　　　（单位:%）

旱涝等级	重涝	大涝	偏涝	正常	偏旱	大旱	重旱
理论累积频率	5	10	15	40	15	10	5
旱涝年频率	4.94	11.15	13.07	42.08	13.81	9.23	5.72
春旱频率	5.56	10.29	13.11	40.81	15.6	9.89	4.74
夏旱频率	5.51	9.72	14.71	39.34	15.69	10.13	4.9
秋旱频率	5.64	9.84	13.48	40.73	15.03	10.78	4.49
冬旱频率	5.84	9.23	14.5	40.70	15.4	10.74	4.21

4.2.2 长江上游旱涝年代际变化特征

长江上游 1961—2008 年逐年 I_F（实线）和 I_D（虚线）变化曲线如图 4.3 所示,从图中可以看出,年及各季的干旱指数波峰值一般对应雨涝指数波谷值,即当雨涝程度严重时,干旱程度一般较轻,反之,当干旱程度严重时,雨涝程度较轻。在阶段性峰值之间,雨涝和干旱程度基本相当,这些年份长江上游流域偏涝(旱)以上等级站点比较少或者出现偏旱以上等级站点与偏涝以上等级站点数相当。对旱涝指数的年代际变化而言,年旱(涝)指数 90 年代末期以前无明显变化趋势,之后波动幅度明显增加,且 20 世纪以来干旱指数呈明显下降趋势,雨涝指数呈明显上升趋势。春季,20 世纪 60 年代干旱程度较重雨涝程度较轻,70 年代初至末期雨涝程度较重干旱程度较轻,70 年代末期至 80 年代末期干旱程度较重雨涝程度较轻,90 年代干湿交替,90 年代末期以来雨涝程度明显

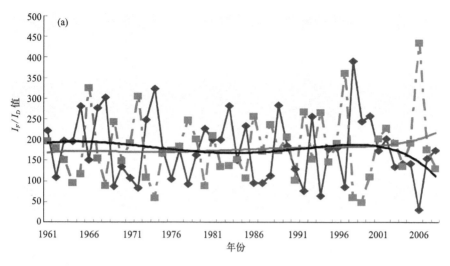

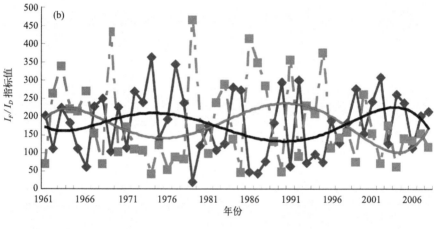

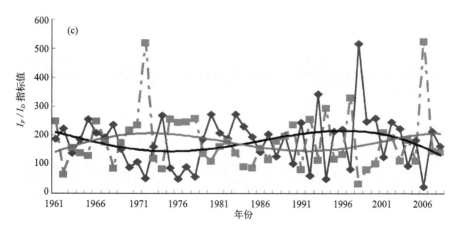

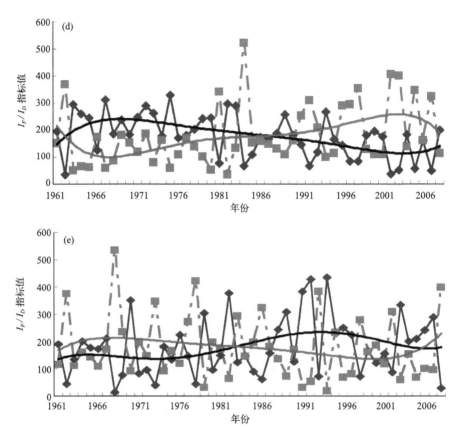

图 4.3　长江上游 1961—2008 年逐年(a)、春季(b)、夏季(c)、秋季(d)、
冬季(e)I_F(实线)和 I_D(虚线)变化曲线

重于干旱程度,变化幅度趋于平稳。夏季,60 年代、80 年代雨涝程度较干旱程
度重,70 年代干旱程度较雨涝程度重,90 年代以来仅 90 年代末期雨涝程度明
显偏重,其他年份干湿交替,且波动幅度大。秋季,60 年代至 80 年代初期雨涝
程度较重干旱程度较轻,80 年代中期干旱程度较重,雨涝程度较轻,且干旱程度
明显比前期加重,雨涝程度比前期减轻。冬季,60 年代至 80 年代,变化幅度大,
旱涝交替出现,80 年代末至 90 年代末雨涝较重,干旱较轻,90 年代末至 21 世
纪初干旱较重,雨涝较轻;2003 年以来,涝重于旱。

4.2.3　长江上游旱涝等级划分及典型旱涝年的确定

　　对于一个区域,旱涝指数反映的是旱和涝的相对程度,涝程度较重的站点
越多,旱涝指数越大,反之越小。文献(张存杰等,1998;朱业玉等,2006;张峰

等,2009)等进一步研究了区域旱涝等级的分级方法,但大多数分级标准存在一定的主观性,而文献(谭桂容等,2002)提出的旱涝判断标准(见表 4.3)具有明确的物理意义,即区域内所有站点均为某一级旱涝时计算的指数值为该级的上界,比较客观,也不受区域限制,具有一定普适性。因此,以此标准作为长江上游流域旱涝年判断标准来确定典型旱涝年份。

表 4.3 长江上游流域旱涝指标判断标准

等级	I 值	类型
1	$I \geqslant n/P_2$	重涝
2	$n/P_3 \leqslant I < n/P_2$	大涝
3	$n/P_4 < I < n/P_3$	偏涝
4	$-n/P_4 \leqslant I \leqslant n/P_4$	正常
5	$-n/P_5 < I < -n/P_4$	偏旱
6	$-n/P_6 < I \leqslant -n/P_5$	大旱
7	$I < -n/P_6$	重旱

根据逐年旱涝指数及表 4.3 标准,确定年及四季干旱和雨涝等级如表 4.4 所示。1961—2008 年分别按偏涝、正常、偏旱、大旱四个等级来分类,基本无大涝、重涝、重旱年,偏涝年按雨涝程度从大到小依次为 1998、1974、1968、1999、1965、2000、1983、1973、1980、1985、1967 年,其中 1998、1974、1968 年对应雨涝指数变化曲线的第一、第二、第三峰值,与根据旱涝指数确定的旱涝程度一致,且 1998、1974 年分别在夏季、春季雨涝程度最重,1968 年虽然四季雨涝程度并不突出,但春季、夏季均偏涝,且全年降水偏多,其他偏涝年份中 1976、1985、1965、1983 年虽然大涝以上站数比较多,但同时偏旱站数占 20%,导致区域旱涝程度下降。因此,1998、1974、1968、1973、1980 确定为典型涝年;偏旱年按干旱程度从大到小依次为 2006、1997、1972、1994、1992、1966、1986、1969、1978 年,其中 1966、1986、1978 年偏涝站点占 20% 左右,1969 年偏旱站点仅占 39%,其他年份中 2006、1997 分别对应干旱指数变化曲线的最高、次高值,2006 年 47% 站点达到大旱以上级别,1997 年 1/4 站点为重旱,1972、1994、1992 年将近一半以上站偏旱,且偏涝站点少。因此,2006、1997、1972、1994、1992 确定为典型旱年。

表 4.4　按表 4.3 指标确定的年、春季、夏季、秋季、冬季旱涝等级

旱涝等级	大涝	偏涝	偏旱	大旱	重旱
年		1998、1974、1968、1999、1965、2000、1983、1973、1980、1985、1967	1997、1972、1994、1992、1966、1986、1969、1978	2006	
春		1974、1977、1990、2002、1985、1992、1999、2004、1968、1972、1978、1984、1976、1973、1961	1987、1995、1991、1988、1966、1983、1993、1962、1982	1979、1986、1969	
夏	1998	1993、1974、1999、1980、1991、1962、2000、1968、1984、1983	1997、1994、1978、1992、1976、1975、1977、1990	2006、1972	
秋		1975、1982、1967、1963、1964、1980、1965、1973、1994、1983、1989、1979、1971	1962、2005、2007、1998、1981、1992、1997、1996	1984、2002、2003	
冬	1992、1994、1991	1982、2003、1979、1970、1989、2007、1996、1997、2005、2006	1993、1973、1986、2002、1998、1983、1969	1978、2008、1962	1968

注:各级旱涝年按旱涝指数排序(涝年按从大到小,旱年按从大到小)

　　根据表 4.4 确定的旱涝等级,并参考出现各级旱涝的台站百分率及干旱指数、雨涝指数,以偏涝(旱)以上站数占总站数百分率不超过 15%,大涝(旱)以上站数所占百分率不超过 5%,偏旱(涝)以上站数百分率不低于 50% 作为典型干旱(雨涝)年选取原则,选取典型旱(涝)年后按旱涝指数大小确定干旱程度,确定年及四季旱涝典型年份、旱涝程度排序如表 4.5 所示。

表 4.5　长江上游流域典型旱涝年份

	典型雨涝年份	典型干旱年份
年	1998、1974	2006、1994、1992
春	1974、1977	1979、1986、1987、1995、1991、1988、1966
夏	1998	2006、1972、1994、1978、1992
秋	1982、1967、1963	1984、2002、2003、1962、2005、2007、1992
冬	1994、1992、1991、2003、1979	1968、1978、2008、1962、1973、1986

注:典型旱涝年按旱涝程度排序

　　表 4.5 较为客观地定义了年及各季雨涝和干旱的典型年份,与前人研究结
果比较一致。如张葵等(2009)对川渝地区夏季旱涝进行研究结果为,四川地区
历史特旱年份为 2006、1972、1994、1997,特涝年份为 1998、1981,与表 4.5 中典
型旱涝年基本一致。陈桂蓉等(1997)对四川 1951—1990 年干旱情况统计表
明,四川 1979 年、1987 年、1988 年、1966 年都发生了不同程度春旱,都是本节确
定的典型旱涝年。需要指出的是,陈桂蓉等统计结果中 1987 年春旱最为严重,
1966 年损失最重,虽然这些年份都在本节确定的典型春季干旱年中,但是干旱
程度排序有所不一样,另外,根据陈桂蓉等(1997)的统计,四川 1962、1971、
1973、1984 年都出现了严重干旱,但这些年份不是本节确定的典型干旱年份,这
些出入可能与本节研究区域涵盖不仅仅包括四川有关。进一步对照文献(许继
军等,2008)的灾情记录,认为区域旱涝指数可以较客观反映长江上流流域实际
旱涝情况,确定的典型旱涝年份也比较符合实际情况。

4.3　三峡水库上游流域旱涝的气候成因分析

4.3.1　春季旱涝的气候成因分析

　　利用 1961—2008 年长江上游春季 Z 指数分别与 500 hPa 高度场和海温进
行相关性分析,其中阴影区为通过 95% 信度的显著相关区。分析表明,在西伯
利亚至鄂霍次克海和欧洲上空均为显著的正相关区,两者中间夹着一负相关区
(图 4.4a),即当西伯利亚至鄂霍次克海和欧洲出现高度正(负)距平,而乌拉尔
山地区负(正)距平时,有利于春季长江上游降水偏多(少)。从海温相关场看
(图 4.4b),在赤道中东太平洋为显著的负相关区,中北太平洋和中南太平洋为
显著的正相关区,呈现明显的拉尼娜型分布。也就是说,当中东太平洋发生厄
尔尼诺(拉尼娜)现象时,长江上游春季降水易于偏少(多)。

　　图 4.5 是春季涝年与旱年 500 hPa 位势高度场的差值分布图。从图中可以
看到:涝年,西伯利亚至鄂霍次克海为正距平,通过了 95% 的信度检验。另外,
欧洲位势高度偏高,乌拉尔山地区位势高度偏低,呈现两脊一槽的分布型;同时
孟加拉湾位势高度偏低,有利于孟加拉湾到印度的低压前方暖湿气流向北输
送,造成长江上游降水偏多。

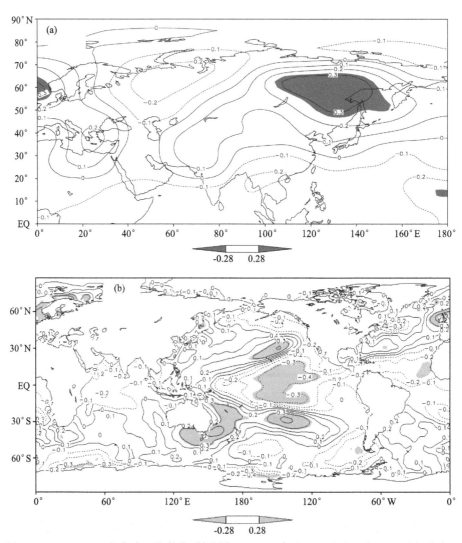

图 4.4　1961—2008 年春季 Z 指数分别与同期 500 hPa 高度(a)和海表温度(b)相关场分布图
（阴影区为通过 95% 信度的显著相关区）

可以看出春季的旱涝与同期赤道中东太平洋海温的关系较好。选用
Nino 3.4 指数代表赤道中东太平洋相关海区海温,与同期春季 Z 指数的相关系
数为 -0.28,通过了 0.05 的显著性水平检验。从 Nino 3.4 的历史演变来看,20
世纪 60 年代,Nino 3.4 指数呈现明显的年际变化,但振幅较小,厄尔尼诺事件
发生频率高于拉尼娜事件,对应旱重于涝;进入 70 年代,春季 Nino 3.4 指数进

入了低指数年,多数年份的距平值为负,对应长江上游雨涝重于旱;70 年代末期至 80 年代末,这段时期海温正负交替,厄尔尼诺事件强度显著高于拉尼娜事件强度,干旱较重;90 年代初至中期前后,厄尔尼诺事件频发且强度强,旱较重;90 年代中期之后,随着海温的年际振荡,干湿交替(图 4.6)。

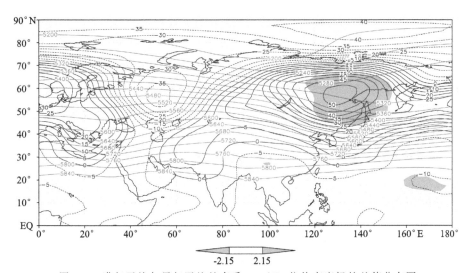

图 4.5 涝年平均与旱年平均的春季 500 hPa 位势高度场的差值分布图

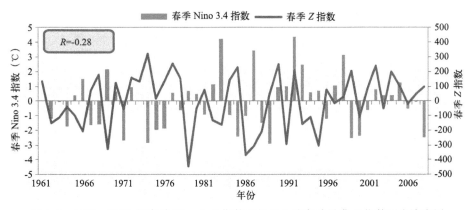

图 4.6 1961—2008 年春季 Nino 3.4 指数和长江上游春季旱涝 Z 指数历史演变图

4.3.2 夏季旱涝的气候成因分析

利用 1961—2008 年长江上游夏季 Z 指数与 500 hPa 高度场和海温进行相关性分析,其中阴影区为通过 95% 信度的显著相关区。分析发现,在 500 hPa 高度上,在乌拉尔山以西为显著的负相关区,其南部地中海为正相关区;同时在东亚中高纬呈现"＋－＋"分布,分别位于贝加尔湖以东、日本海和菲律宾附近(图 4.7a)。分析表明:位于北半球中高纬乌拉尔山以西的槽加深且位置偏东,导致经向环流加强和乌拉尔山高压脊东移,同时副高偏南偏强偏西,有利于长江上游降水偏多。从海温相关场看(图 4.7b),当南海海温偏高(低),澳大利亚东侧海温偏高(低)时,西太平洋副高较强并偏南西伸(较弱并偏北偏东),从而造成长江上游降水偏多(少)。

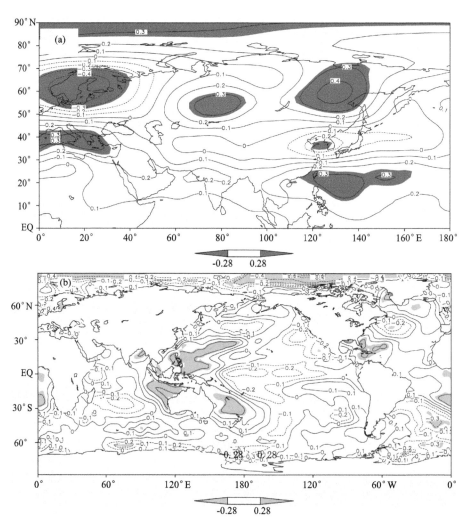

图 4.7　1961—2008 年夏季 Z 指数分别与同期 500 hPa 高度(a)和

海表温度(b)相关场分布图

图 4.8 是涝年平均与旱年平均的 500 hPa 位势高度场的差值分布图。涝年,在乌拉尔山以西位势高度偏低、乌拉尔山地区及以东偏高、贝加尔湖以西偏低、东西伯利亚偏高,表明高纬度以经向环流为主,乌拉尔山位势高度偏高,利于脊前冷空气南下。而在东亚沿海出现了显著的东亚—太平洋遥相关,即从副热带西太平洋地区、东亚中纬度到鄂霍次克海上空,高度呈现出"+—+"分布时,利于副高偏强偏南且西伸,从而使得长江上游降水偏多,这也是长江中下游降水偏多的影响因子之一。

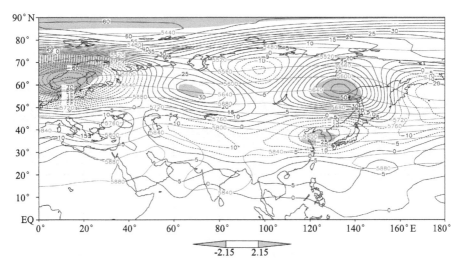

图 4.8 涝年与旱年平均的夏季 500 hPa 位势高度场的差值分布图

夏季 Z 指数与乌拉尔山以西的 500 hPa 高度距平场有着较好的相关关系,两者的相关系数为 -0.49,达到了 0.001 的显著性检验。从该指数的时间序列演变来看,20 世纪 60 年代乌拉尔山以西的高度距平由负转正,前期和中期以雨涝为主、后期转为旱,总体上雨涝程度较干旱程度重;70 年代初,受正距平影响干旱程度重,后期转为略微的负距平雨涝站多数,总体看干旱程度较雨涝程度重;80 年代初至中期,乌拉尔山以西高度场为负距平,偏涝,后期转为旱,雨涝程度较干旱程度重;90 年代,有 1 个时段出现了异常(20 世纪 90 年代末期有 2 年为负异常,对应雨涝程度重),其他年份干湿交替,且波动幅度大(图 4.9)。

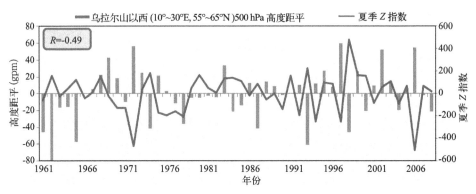

图 4.9　乌拉尔山以西 500 hPa 高度距平场和长江上游夏季旱涝 Z 指数历史演变图

4.3.3　秋季旱涝的气候成因分析

　　利用 1961—2008 年长江上游秋季 Z 指数与 500 hPa 高度场和海温进行相关分析,其中阴影区为通过 95% 信度的显著相关区(图 4.10a)。分析发现:在 500 hPa 高度上,极地、乌拉尔山和孟加拉湾附近为显著的负相关,乌拉尔山以东欧洲上空为显著正相关,而整个副热带为一片显著的负相关区。也就是说,当副热带高压偏弱(强),印缅槽偏强(弱),中高纬呈现两脊(槽)一槽(脊)分布型发展,而极地为负(正)异常,有利于长江上游秋季降水偏多(少)。从海温的相关场看(图 4.10b),正好与夏季呈相反的分布形态,即当南海及印尼附近海温为负(正)距平时,对应降水偏多(少)。另外一个显著的负相关区位于阿留申附近。

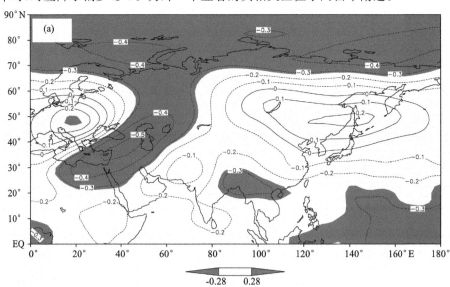

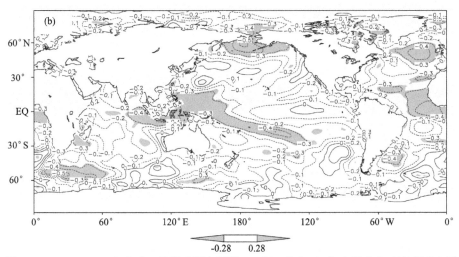

图 4.10　1961—2008 年秋季 Z 指数分别与同期 500 hPa 高度(a)、海表温度(b)相关场分布图

　　图 4.11 是涝年平均与旱年平均的秋季 500 hPa 位势高度场的差值分布图。涝年,在里海附近为大片负距平,加之极涡偏强,利于槽后的强冷空气南下。并且在贝加尔湖以东的正值中心存在,阻挡系统迅速东移,使得槽后冷空气能够源源不断影响长江上游地区。副热带为大片的负距平,副高弱,但印缅槽强,西南暖湿气流输送强盛,与偏北气流交汇,给长江上游带来丰富的降水。

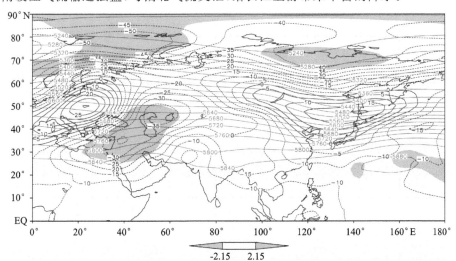

图 4.11　涝年与旱年平均的秋季 500 hPa 位势高度距平场的差值分布图

　　秋季 Z 指数与里海的 500 hPa 高度距平场有着较好的相关关系(图 4.12),两者相关系数为 -0.52,通过了 0.001 的显著性检验。20 世纪 60 年代至 70 年代,里海高

度为持续负异常,对应雨涝程度重;80 年代至 90 年代,里海高度进入了显著的年际振荡,干旱与雨涝交替;21 世纪以来,里海高度持续正异常,对应干旱程度重。

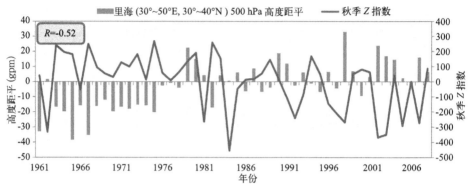

图 4.12　里海 500 hPa 高度距平场和长江上游秋季旱涝 Z 指数历史演变图

4.3.4　冬季旱涝的气候成因分析

利用 1961—2008 年长江上游冬季 Z 指数与 500 hPa 高度场和海温进行相关分析,其中阴影区为通过 95% 信度的显著相关区(图 4.13a)。分析发现在 500 hPa 上,东亚为大片的显著正相关区。同时,在南半球呈现南极涛动正位相分布型。表明,当南极涛动呈正(负)位相,东亚大片地区为正(负)异常控制时,长江上游冬季降水易于偏多(少)。从海温的相关场来看(图 4.13b),除了局部海域(阿留申附近和赤道中太平洋)通过了显著性检验外,其他均未通过检验,表明长江上游的冬季降水与海温的关系较弱。

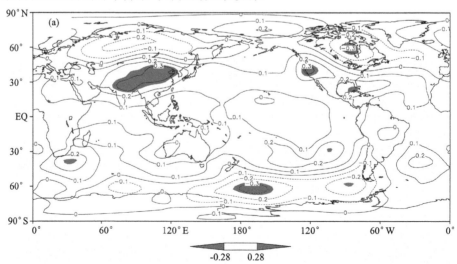

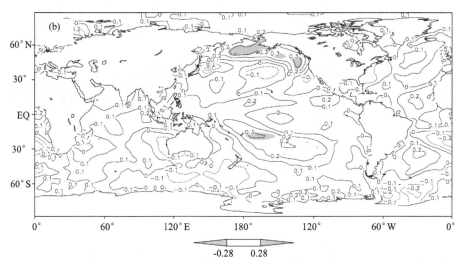

图 4.13　1961—2008 年冬季 Z 指数分别与同期 500 hPa 高度(a)、海表温度(b)相关场分布图

　　图 4.14 是涝年平均与旱年平均的冬季 500 hPa 位势高度场的差值分布图。在巴尔喀什湖至贝加尔湖有一高值中心,脊加强;同时东亚大槽加深,使得冷空气沿着巴尔喀什湖脊前南下。孟加拉湾低压偏低,有利于孟加拉湾到印度的低压前方的暖湿气流向北输送。另外,在南半球中高纬,可以看到明显的南极涛动正位相分布,它可能是通过大气遥相关来影响长江上游冬季的降水。

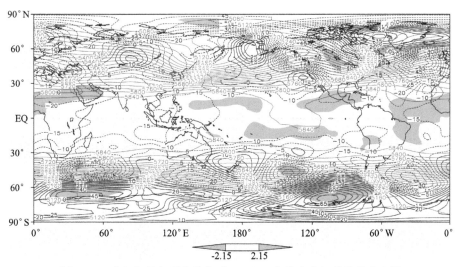

图 4.14　涝年与旱年平均的冬季 500 hPa 位势高度场的差值分布图

4.4 结论

长江上游流域年、四季旱涝等级中正常占 39.34％～42.08％,偏涝占 13.07％～14.71％,偏旱占 13.81％～15.69％,大旱占 9.23％～10.78％,大涝占 9.23％～11.15,重旱 4.21％～5.72％,重涝 4.94％～5.84％。

从旱涝指数的年代际变化而言,年旱(涝)指数 90 年代末期以前无明显变化趋势,之后波动幅度明显增加,且 20 世纪以来干旱指数呈明显下降趋势,雨涝指数呈明显上升趋势。依据旱涝等级,并参考出现各级旱涝的台站百分率及干旱指数、雨涝指数,确定年及四季旱涝典型年份,选取典型雨涝年为 1998、1974 年,典型干旱年为 2006、1994、1992 年。

当西伯利亚至鄂霍次克海和欧洲出现高度正(负)距平,而乌拉尔山地区负(正)距平时,有利于春季长江上游降水偏多(少);当中东太平洋发生厄尔尼诺(拉尼娜)事件时,长江上游春季降水易于偏少(多)。位于北半球中高纬乌拉尔山以西的槽加深且位置偏东,导致经向环流加强和乌拉尔山高压脊东移,同时副高偏南偏强偏西,有利于长江上游夏季降水偏多;当南海海温偏高(低),澳大利亚东侧海温偏高(低)时,西太平洋副高较强并偏南西伸(较弱并偏北偏东),从而造成长江上游夏季降水偏多(少)。当副热带高压偏弱(强),印缅槽偏强(弱),中高纬呈现两脊(槽)一槽(脊)分布型发展,而极地为负(正)异常,有利于长江上游秋季降水偏多(少);当南海及印尼附近海温为负(正)距平时,对应降水偏多(少)。南极涛动呈正(负)位相,东亚大片地区为正(负)异常控制时,长江上游冬季降水易于偏多(少)。

参考文献

陈桂蓉,程根伟.1997.长江上游干旱灾害分析及防灾减灾措施[J].长江流域资源与环境, (1):67-82.

鞠笑生,杨贤为,陈丽娟,等.1997.我国单站旱涝指标确定和区域旱涝级别划分的研究[J]. 应用气象学报,**8**(1):26-33.

鞠笑生,邹旭恺,张强.1998.气候旱涝指标方法及其分析[J].自然灾害学报,**7**(3):51-57.

谭桂容,孙照渤,陈海山.2002.旱涝指数的研究[J].南京气象学院学报,**25**(2):153-158.

许继军,杨大文,雷志栋,等.2008.长江上游干旱评估方法初步研究[J].人民长江,**39**(11): 79-85.

张存杰,王宝灵.1998.西北地区旱涝指标的研究[J].高原气象,**17**(4):381-389.

张峰,王秀珍,黄敬峰,等.2009.基于 GIS 的浙江省旱涝灾害时空分析[J].科技通报,**25**(6)：
    25-30.

张葵,刘庆,杨德保,等.2009.三峡库区上游(川渝地区)旱涝指标研究[J].安徽农业科学，
    37(12)：35-39.

朱业玉,王记芳,武鹏.2006.降水 Z 指数在河南旱涝监测中的应用[J].河南气象,(4)：
    12-14.

第 5 章

三峡水库上游流域致洪暴雨天气特征分析

5.1 三峡水库上游流域洪涝概况及背景

5.1.1 三峡水库上游流域洪涝概况

三峡水库上游流域洪涝主要指造成宜昌洪水来源的岷沱江、嘉陵江、乌江、宜宾—重庆、重庆—万县,万县—宜昌等长江上游流域,金沙江流域尽管流域面积大,但降水强度往往不及上述流域。由于上述流域地形、地貌十分复杂,天气变化剧烈,暴雨频繁,岷沱江、嘉陵江、乌江、宜宾—重庆、重庆—万县,万县—宜昌流域大面积的强降水常造成长江干流水位猛涨、流量加大,在长江高水位的情况下,还可形成致洪暴雨。

洪灾是一种常见的、损失严重的自然灾害,尤其是长江上游的洪灾,对三峡工程、葛洲坝以及长江中、下游影响更大,是抗洪减灾的主要地域。近年来,随着生态环境的迅速恶化,长江流域包括上游地区的洪涝灾害更加频繁,随着经济的发展,特大洪水所造成的经济损失也在不断增加(丁一汇等,2004)。1954年长江中下游整个梅雨期长达 60 多天,5—7 月 3 个月内共有 12 次降雨过程,其中 6 月中旬至 7 月中旬 5 次暴雨,强度、范围都比较大,是本年汛期暴雨全盛阶段。上游地区及汉江雨季提前,6 月下旬至 8 月中旬暴雨频繁,洪峰迭现。在此期间,宜昌连续出现四次超过 50000 m³/s 的洪峰,其中 8 月 7 日洪峰流量66800 m³/s,为全年最大。1998 年的洪水,是继 1931 年和 1954 年两次洪水后,20 世纪发生的又一次全流域型的特大洪水。据初步资料分析,1998 年和 1954年相比,上游的洪峰流量和洪水量与 1954 年接近;由于中游洪峰流量不具备可比性,以最集中的 30 天洪水量相比,1998 年汉口以上总来水量较 1954 年少300 多亿立方米;下游的洪峰流量较 1954 年少 1 万多立方米每秒,洪水量少500 多亿立方米。此次全流域性大洪水,受灾面积达 3.18 亿亩[①],直接经济损

---

① 1 亩≈666.67 m²,下同。

失达 1700 多亿元。

5.1.2　三峡水库上游流域致洪暴雨的气候背景

　　长江上游地形独特,高差悬殊,气候多样,成因复杂,表现出显著的区域气候特征,洪涝灾害是造成长江流域最直接的损害。长江流域暴雨频繁,使长江成为一条雨洪河流,可形成全流域性或地区性大水。20 世纪 80 年代以来,长江流域气温明显上升,驱动水循环加快,流域降水时空分布更加不均匀。特别是进入 90 年代以来,长江流域降水变化率加大,暴雨和洪水更加频繁,夏季降水时间集中,暴雨日数增多,已经构成对长江流域洪涝灾害及其趋势的重大影响。1998 年夏季,长江流域继 1954 年后再次出现百年不遇的特大洪水,人民生命财产受到巨大威胁。近 50 年来,特别是 90 年代以后,长江流域汛期趋于暖湿,降水偏多的频率增加,降水变幅不断增大,易出现严重的暴雨洪涝,长江流域主汛期暴雨是形成洪涝的重要因素。长江流域的洪涝灾害主要发生在夏季,取决于梅雨期的长短和梅雨期降水的强弱,历次长江流域出现大涝的主要原因是:大气环流异常引起的梅雨期偏长以及集中性的暴雨。长江干支流每年 5 月入汛,7、8 月份进入主汛期,至 10 月起逐渐消退,进入枯水期。近几年来的研究表明,长江流域暴雨季节变化明显,中游在 6 月 3 日至 7 月 12 日,上游在 6 月 24 日至 9 月 13 日有一个相对集中期,它的开始和结束具有突变性。

　　研究分析发现,长江上游致洪暴雨有一定的规律性(郁淑华等,1993,1995),主要表现在:

　　(1)长江上游致洪暴雨主要发生在 6 月下旬至 8 月下旬。因此,在汛期 5—9 月中,可以把 6 月下旬至 8 月下旬作为防汛的重要时段。

　　(2)长江上游致洪暴雨的雨区分布一般为西南—东北向,与长江走向相同。这种雨区分布有利于水流较快汇聚到长江,是长江上游暴雨致洪的一种最有利的雨型分布。

　　(3)长江上游致洪暴雨一般伴有大于 150 mm 的强降水中心,且过程持续时间一般在 3 d 以上。说明致洪暴雨是由长时大暴雨造成的。

　　(4)长江上游致洪暴雨多为全川移动性暴雨,很少是雨区只停留在川西。暴雨区在盆地东部的也只占致洪暴雨的近五分之一。说明致洪暴雨是由大面积暴雨造成的。

　　(5)最强暴雨日与宜昌大洪峰相隔的天数与强暴雨中心到长江干流的距离成正比。强暴雨中心在万县的暴雨日与宜昌大洪峰出现日期相隔的天数最小,川西北的则最长。这为宜昌大洪峰出现日期的预报提供了依据,对长江中游防洪有指导意义。

三峡库区主要支流,北岸有岷江、嘉陵江、沱江,南岸有乌江等大河注入。造成三峡区间洪水的暴雨移动方向,一般由四川的岷、沱、嘉陵江一带雨区中心向东偏南移动或自西向东移至三峡地区,亦有从四川东北和汉江上游一带的雨区中心南压至三峡地区,这与长江的流向相一致,而三峡暴雨往往又是两至三天,此即为造成三峡地区的洪水常常是叠加在长江上游洪水的涨水段或峰顶附近的主要原因。长江三峡区间是长江中下游暴雨的多发区,该区间的洪水预报对长江中下游的防汛调度工作有着重要的意义。库区的降雨主要集中在夏半年(5—10 月),大部分地区夏半年雨量为 800~1000 mm,而且又多集中在强降水天气过程中。三峡东部地区主汛期在 5—7 月,西部地区主汛期在 7—8 月。三峡东部地区(乌江流域、重庆—宜昌)夏季降水的气候特点与长江中下游比较接近,雨季集中期与长江中下游梅雨期趋势比较一致,夏季降水主要集中在 7 月中旬以前,盛夏 7—8 月份有一段伏旱期;从常年月面雨量变化趋势看,6 月最多,5、7 月次之,8 月最小,是典型的南方气候特点。西部(嘉陵江流域、岷沱江流域)与东部大不相同,初夏 5—6 月份面雨量小,降水主要集中在 7—8 月份,7—8 月份面雨量大约是 5—6 月的两倍。

长江上游流域大面积的强降水常造成长江干流上水位猛涨、流量加大,在长江高水位的情况下,还可能形成致洪暴雨,严重影响三峡库区调度(彭春华等,1995)。对强降水雨量的相关研究表明(王仁乔等,2003):

(1)流域强降水面雨量出现频次具有明显的季节变化特征和年变化特征。冬季频次几乎为零,夏季频次最多,春季猛增,秋季陡降。20 mm 以上的强降水面雨量 30 年共出现 1930 次,平均每年 64.3 次;50 mm 以上的仅出现 100 次,平均每年 3.3 次。5—9 月为强降水集中期,占总次数的 88.9%。

(2)流域强降水面雨量等级分布差异较大。50 mm 以上的强降水主要集中在嘉陵江流域、重庆到万州和万州到宜昌区间。

(3)流域面雨量极值分布差异明显。重庆到宜昌流域月极大值明显大于其他流域,岷沱江流域月极大值明显小于其他流域。

(4)流域集中强降水主要出现在 5—9 月,7 月强度最大。地理位置、天气影响系统接近的相邻流域同时出现或相继出现强降水的概率较大,不相邻的流域,情况反之。

5.2 近十年三峡水库上游流域强降水面雨量特征分析

由于岷沱江、嘉陵江、乌江、宜宾—重庆、重庆—万县,万县—宜昌流域大面积的强降水常造成长江干流洪水。因此,利用 2001—2011 年共 11 年上述流域站点逐日雨量历史资料,采用算术平均法,分别计算得出各流域的面雨量。计算面雨量的时段为 08 时—08 时(即日面雨量)。将强降水面雨量划分为 20~29.9 mm、30~49.9 mm、50~69.9 mm、≥70 mm 四个等级。

通过分析长江上游岷沱江、嘉陵江、乌江、宜宾到重庆、重庆到万县、万县到宜昌六大流域强降水面雨量频次分布、极值分布,初步得出近十年长江上游强降水面雨量的时空分布特点。经对各流域时空分布特点分析比较,发现各个流域强降水面雨量具有明显的季节分布特征,既有相似之处,又有各自特点。不同流域面雨量频次分布、极值情况存在着明显差异。

5.2.1 六大流域强降水面雨量频次分布特征

5.2.1.1 岷沱江流域

岷沱江流域位于四川省境内,流域面积约为 16.3×10^4 km²,大致在 $28° \sim 34°$N、$99° \sim 106°$E,流域内有 68 个气象观测站参加面雨量计算。表 5.1 为 2001—2011 年岷沱江流域 08 时—08 时逐月强降水面雨量频次分布情况。从表 5.1 可看出:

(1)从 10 月到次年 5 月岷沱江流域无面雨量 20 mm 以上强降水;

(2)≥20 mm 的强降水集中出现在 6—8 月,占总出现次数的 93.6%;

(3)2001—2011 年岷沱江流域无面雨量≥50 mm 的强降水;

(4)11 年间岷沱江流域强降水面雨量出现次数最多的月份为 8 月(11 次),同时面雨量的最大值也出现在 8 月,为 33.2 mm。

表 5.1 岷沱江流域 2001—2011 年强降水面雨量频次

月份	20~30 mm	30~50 mm	50~70 mm	≥70 mm	总计(次)	频率(%)	月最大值(mm)
1 月	0	0	0	0	0	0	3.6
2 月	0	0	0	0	0	0	5.9
3 月	0	0	0	0	0	0	6.5
4 月	0	0	0	0	0	0	16.4
5 月	0	0	0	0	0	0	19.9

月份	20～30 mm	30～50 mm	50～70 mm	≥70 mm	总计(次)	频率(%)	月最大值(mm)
6 月	7	1	0	0	8	25.8	32
7 月	10	0	0	0	10	32.3	29.9
8 月	10	1	0	0	11	35.5	33.2
9 月	2	0	0	0	2	6.5	23.2
10 月	0	0	0	0	0	0	13.9
11 月	0	0	0	0	0	0	10.1
12 月	0	0	0	0	0	0	4.9

5.2.1.2 嘉陵江流域

嘉陵江流域位于四川省境内,流域面积约为 16.0×10^4 km²,大致在 $29° \sim 35°$N、$103° \sim 109°$E,流域内有 48 个气象观测站参加面雨量计算。统计 2001—2011 年嘉陵江流域 08 时—08 时强降水面雨量频次分布情况(表 5.2)可以看出:

(1)10 月到次年 3 月无面雨量 20 mm 以上的强降水;

(2)≥20 mm 的强降水 90.0% 出现在 6—9 月,7 月出现强降水的频率最高,为 31.7%,9 月次之(23.3%)。5 月 ≥20 mm 强降水在 11 年中仅出现 5 次,平均约两年一次,4 月 ≥20 mm 强降水在 11 年中仅出现一次;

(3)11 年中,无 ≥50 mm 强降水;

(4)2001—2011 年嘉陵江流域最大面雨量出现在 9 月,为 49.4 mm。

表 5.2 嘉陵江流域 2001—2011 年强降水面雨量及频次

月份	20～30 mm	30～50 mm	50～70 mm	≥70 mm	总计(次)	频率(%)	月最大值(mm)
1 月	0	0	0	0	0	0	3.8
2 月	0	0	0	0	0	0	5.9
3 月	0	0	0	0	0	0	8
4 月	1	0	0	0	1	1.7	20.9
5 月	5	0	0	0	5	8.3	29.5
6 月	7	3	0	0	10	16.7	36.5
7 月	15	4	0	0	19	31.7	49.2
8 月	7	4	0	0	11	18.3	36.3
9 月	10	4	0	0	14	23.3	49.4
10 月	0	0	0	0	0	0	16
11 月	0	0	0	0	0	0	15.8
12 月	0	0	0	0	0	0	4.8

5.2.1.3　乌江流域

乌江流域位于贵州省和重庆市境内，流域面积约为 8.3×10^4 km²，区间范围大致在 $26°\sim30°$N，$104°\sim109°$E，流域内有 43 个气象观测站参加面雨量计算。从 2001—2011 年乌江流域 08 时—08 时强降水面雨量频次分布（表 5.3）可看出：

(1)11 月到次年 3 月乌江流域无面雨量 20 mm 以上强降水，4 月仅出现 4 次；

(2)≥20 mm 的强降水 89.3％出现在 5—9 月，10 月 11 年来虽只出现过 6 次强降水，但面雨量最大也达到 41 mm；

(3)11 年中无面雨量≥50 mm 的强降水；

(4)2001—2011 年乌江流域 6 月和 7 月均出现一次面雨量达 46 mm 降水，为该流域 11 年来最大值。

表 5.3　乌江流域 2001—2011 年强降水面雨量频次

月份	20~30 mm	30~50 mm	50~70 mm	≥70 mm	总计(次)	频率(%)	月最大值(mm)
1 月	0	0	0	0	0	0	15
2 月	0	0	0	0	0	0	14
3 月	0	0	0	0	0	0	16
4 月	4	0	0	0	4	4.3	26
5 月	10	3	0	0	13	13.8	45
6 月	14	6	0	0	20	21.3	46
7 月	15	7	0	0	22	23.4	46
8 月	6	2	0	0	8	8.5	37
9 月	17	4	0	0	21	22.3	45
10 月	4	2	0	0	6	6.4	41
11 月	0	0	0	0	0	0	16
12 月	0	0	0	0	0	0	13

5.2.1.4　宜宾到重庆区间流域

宜宾到重庆区间流域位于四川、贵州省和重庆市境内，流域面积约为 6.3×10^4 km²，区间范围大致在 $27°\sim30°$N、$104.5°\sim107.5°$E，流域内有 25 个气象观测站参加面雨量计算。从 2001—2011 年宜宾到重庆区间流域 08 时—08 时强

降水面雨量频次分布(表 5.4)可以看出:

(1)11 月到次年 3 月无面雨量 20 mm 以上强降水;

(2)≥20 mm 强降水 82.6%出现在 6—8 月,其中 6 月出现频率最高为 21 次,7 月次之(16 次);

(3)11 年中未出现≥50 mm 强降水;

(4)2001—2011 年宜宾到重庆区间流域面雨量的极大值出现在 7 月,为 49 mm。

表 5.4 宜宾到重庆区间流域 2001—2011 年强降水面雨量及频次

月份	20~30 mm	30~50 mm	50~70 mm	≥70 mm	总计(次)	频率(%)	月最大值(mm)
1 月	0	0	0	0	0	0	9
2 月	0	0	0	0	0	0	10
3 月	0	0	0	0	0	0	11
4 月	6	0	0	0	6	8	29
5 月	10	3	0	0	13	17.3	35
6 月	16	5	0	0	21	28	48
7 月	11	5	0	0	16	21.3	49
8 月	8	4	0	0	12	16	35
9 月	3	2	0	0	5	6.7	40
10 月	1	1	0	0	2	2.7	30
11 月	0	0	0	0	0	0	16
12 月	0	0	0	0	0	0	9

5.2.1.5 重庆到万县区间流域

重庆到万县位于四川省和重庆市境内,流域面积约为 $1.9×10^4$ km²,大致在 29°~31°N、107°~108°E,流域内有 13 个气象观测站参加面雨量计算。统计 2001—2011 年重庆到万县区间流域 08 时—08 时强降水面雨量频次(表 5.5)可看出:

(1)12 月至次年 2 月无面雨量 20 mm 以上的强降水,3 月、11 月均仅有 3 次;

(2)≥20 mm 强降水 84.6%出现在 5—9 月,其中 9 月出现频率最高为 32 次,6 月、5 月次之,分别为 23 次和 22 次;

（3）≥50 mm 强降水共出现 8 次,其中 70 mm 以上的特强降水有 1 次;

（4）≥70 mm 的特强降水出现在 8 月,流域面雨量达 79 mm。

表 5.5　重庆到万县区间流域 2001—2011 年强降水面雨量频次

月份	20～30 mm	30～50 mm	50～70 mm	≥70 mm	总计（次）	频率（%）	月最大值(mm)
1 月	0	0	0	0	0	0	10
2 月	0	0	0	0	0	0	15
3 月	3	0	0	0	3	2.4	24
4 月	3	5	0	0	8	6.5	45
5 月	13	6	3	0	22	17.9	53
6 月	6	16	1	0	23	18.7	54
7 月	9	7	1	0	17	13.8	68
8 月	4	4	1	1	10	8.1	79
9 月	13	18	1	0	32	26.0	67
10 月	4	1	0	0	5	4.1	43
11 月	3	0	0	0	3	2.4	25
12 月	0	0	0	0	0	0	11

5.2.1.6　万县到宜昌区间流域

万县到宜昌区间流域位于湖北省和重庆市境内,流域面积为 3.1×10^4 km²,大致在 30°～32°N、108°～111.2°E,流域内有 10 个气象观测站参加面雨量计算。从 2001—2011 年万县到宜昌区间流域 08 时—08 时强降水面雨量频次分布(表 5.6)可以看出:

（1）12 月到次年 1 月无面雨量 20 mm 以上强降水,4 月也只出现 13 次;

（2）≥20 mm 强降水 80.9% 出现在 5—9 月,且在这几个月中强降水出现次数基本持平;

（3）≥50 mm 强降水出现 16 次,其中≥70 mm 特强降水出现 2 次,为六个流域之最;

（4）11 年出现强降水的总次数也最多,达 157 次;

（5）2001—2011 年万县到宜昌区间流域面雨量极大值出现在 8 月,为 75 mm。

表5.6　万县到宜昌区间流域2001—2011年强降水面雨量频次

月份	20～30 mm	30～50 mm	50～70 mm	≥70 mm	总计(次)	频率(%)	月最大值(mm)
1月	0	0	0	0	0	0	10
2月	1	0	0	0	1	0.6	23
3月	1	0	0	0	1	0.6	25
4月	7	6	0	0	13	8.3	42
5月	16	10	0	0	26	16.6	46
6月	6	12	6	0	24	15.3	64
7月	11	8	3	1	23	14.6	73
8月	12	10	2	1	25	15.9	75
9月	12	14	3	0	29	18.5	68
10月	6	1	0	0	7	4.5	38
11月	7	1	0	0	8	5.1	31
12月	0	0	0	0	0	0	15

5.2.1.7　综合分析

比较2001—2011年各流域08时—08时强降水的时空分布,有如下特征:

(1)六大流域中≥20 mm强降水现频次最高的流域为万县到宜昌区间流域157次,其次为重庆到万县区间流域123次,强降水出现最少的流域为岷沱江流域31次(见表5.7)。

(2)六大流域强降水面雨量主要出现在5—9月,频次最大值出现在6、7月,12月至次年2月基本无≥20 mm强降水,3月、11月较少出现强降水(见表5.7)。

表5.7　六大流域2001—2011年各月强降水日面雨量频次分布

流域 \ 月份	1月	2月	3月	4月	5月	6月	7月	8月	9月	10月	11月	12月	合计(次)
岷沱江	0	0	0	0	0	8	10	11	2	0	0	0	31
嘉陵江	0	0	0	1	5	10	19	11	14	0	0	0	60
乌江	0	0	0	4	13	20	22	8	21	6	0	0	94
宜宾到重庆	0	0	0	6	13	21	16	12	5	2	0	0	75
重庆到万县	0	0	3	8	22	23	17	10	32	5	3	0	123
万县到宜昌	0	1	1	13	26	24	23	25	29	7	8	0	157
合计	0	1	4	32	79	106	107	77	103	20	11	0	540

(3)六大流域强降水面雨量 94.98% 的强降水集中在 50 mm 以下,其中 20~29.9 mm 占 62.2%,30~49.9 mm 为 33.3%;≥70 mm 强降水只出现了 3 次,平均每年仅出现 0.27 次,50~69.9 mm 强降水共有 21 次,平均每年 1.9 次(见表 5.8)。

表 5.8 2001—2011 年各级强降水日面雨量流域分布

流域 面雨量	岷沱江	嘉陵江	乌江	宜宾到重庆	重庆到万县	万县到宜昌	合计 (次)
0~29.9 mm	29	45	70	55	58	79	336
30~49.9 mm	2	15	24	20	57	62	180
50~69.9 mm	0	0	0	0	7	14	21
≥70 mm	0	0	0	0	1	2	3
合计	31	60	94	75	123	157	540

5.2.2 六大流域面雨量极值分布特征

表 5.9 为 2001—2011 年六大流域 08 时—08 时各月面雨量极值分布。从表中可以看到,六大流域的最大值为 79 mm,出现在万县到宜昌区间;嘉陵江、宜宾到重庆年最大值出现在 7 月,乌江 6 月、7 月均有面雨量为 46 mm 的极大值出现,其他三个流域出现在 8 月,即最强的降水主要出现在 7—8 月;岷沱江、嘉陵江流域整个冬季面雨量月极值均在 10 mm 以下。

表 5.9 2001—2011 年六大流域日面雨量极大值分布 　　　　　　　(mm)

月份 流域	1 月	2 月	3 月	4 月	5 月	6 月	7 月	8 月	9 月	10 月	11 月	12 月
岷沱江	3.6	5.9	6.5	16.4	19.9	32	29.9	33.2	23.2	13.9	10.1	4.9
嘉陵江	3.8	5.9	8	20.9	29.5	36.5	49.2	36.3	49.4	16	15.8	4.8
乌江	15	14	16	26	45	46	46	37	45	41	16	13
宜宾到重庆	9	10	11	29	35	48	49	35	40	30	16	9
重庆到万县	10	15	24	45	53	54	68	79	67	43	25	11
万县到宜昌	10	23	25	42	46	64	73	75	68	38	31	15

5.2.3　小结

通过对长江上游六大流域 11 年强降水面雨量历史资料分析,较全面地了解了强降水面雨量时空分布特征:

(1)六大流域强降水面雨量出现频次具有明显的季节变化特征和年变化特征。冬季频次几乎为零,夏季频次最多,春季猛增,秋季陡降。六大流域 11 年共出现≥20 mm 面雨量 540 次,平均每年 49.1 次;50~69.9 mm 强降水共有 21 次,平均每年 1.9 次;≥70 mm 强降水只出现了 3 次,平均每年仅出现 0.27 次,5—9 月为强降水集中期,占总次数的 87.4%。

(2)六大流域强降水面雨量等级分布差异较大。50 mm 以上的强降水主要集中在重庆到万县和万县到宜昌区间流域。

(3)六大流域面雨量极值分布差异明显。重庆到万县、万县到宜昌两个流域月极大值明显大于其他流域(个别月份除外),岷沱江流域月极大值明显小于其他流域,与前述两个流域差值更大。

5.3　三峡水库上游流域强降水天气系统分析

致洪暴雨是多种天气尺度综合影响的结果,具有明显的天气特征、环流特征及演变规律,主要对形成致洪暴雨的大尺度环流特征、天气系统的演变规律及相互配置进行分析。

5.3.1　对流层中层(500 hPa)环流形势分析

5.3.1.1　长江流域暴雨

长江流域连续、集中的强降水过程,往往与 500 hPa 中高纬度持续时间长,位置稳定少动的阻塞形势相联系。"双阻型"、"中阻型"以及两种长波系统的调整型是阻塞型环流的三种主要表现形势(程小慷,2002)。

(1)双阻型

乌拉尔山为一脊,鄂霍次克海为另一脊,整个中西伯利亚、贝加尔湖地区为一个大槽(图 5.1)。乌山脊前,贝湖槽后强大的偏北风不断从北方带来冷空气。冷空气绕过青藏高原自西北向东南移动,与南支槽前西南暖湿气流在长江流域交汇,形成强降水。

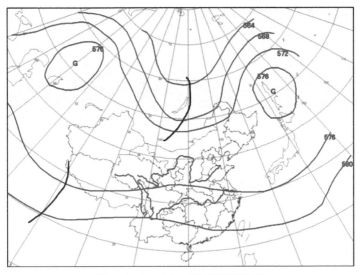

图 5.1　500 hPa 双阻型环流形势

（2）中阻型

中西伯利亚、贝加尔湖中高纬地区为高压脊区，而在乌拉尔山和鄂霍次克海为槽区（图 5.2）。高脊前常常分裂出小的阻塞高压，这些小高压移到河套地区时速度减慢或在原地稳定 2～3 d。在小高压与西太平洋副高之间的江淮地区很容易形成切变线。配合此切变线西部的西南低涡频繁生成和东移，在切变线周围有持续性的强降水过程。

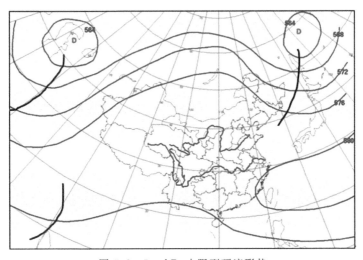

图 5.2　500 hPa 中阻型环流形势

（3）长波调整型

一般指环流形势由双阻型调整为中阻型。

5.3.1.2 长江上游流域暴雨

三峡水库上游流域的暴雨主要为持续性暴雨和自西向东移动性暴雨两类。前者在 500 hPa 中高纬度环流表现为阻塞型，后者长波槽脊为移动型（四川省气象局，1996）。

下面 4 类暴雨分型中，前两类为阻塞型暴雨，后两类为移动型暴雨。

（1）乌（拉尔）山阻高型

长波脊稳定在乌山附近，乌山阻高的下游为长波槽区，副热带西风带里有短波槽东移；副高偏强，且常与华北长波高脊同位相叠加增强（图 5.3），使短波槽东移受阻；副高西侧偏南气流将水汽源源不断地从南海和孟加拉湾向长江上游流域输送，为暴雨区带来丰沛的水汽。

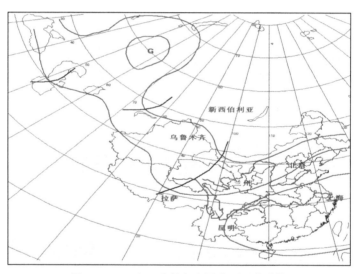

图 5.3　500 hPa 乌拉尔山阻高型环流形势

（2）巴（尔喀什）湖低涡型

图 5.4 为巴湖低涡型环流形势图，图中巴尔喀什湖冷低压位于 $70°\sim100°E$、$55°N$ 以南，稳定少动，大约可维持 5 d 或以上；在冷低涡持续期间，常有短波槽从中移出，同时高原上也易有短波槽生成，槽后冷平流与副高外围偏南暖湿气流在长江上游流域交汇，形成连续性强降水。

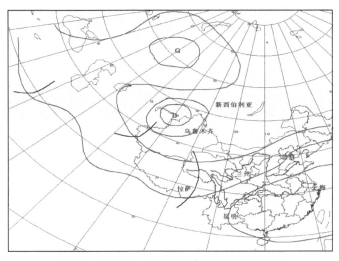

图 5.4　500 hPa 巴尔喀什湖低涡型环流形势

（3）贝（加尔）湖低槽型

欧亚整个中高纬为长波槽区,其中,乌山北部为强大、稳定的冷低涡控制,其低压槽线一直延伸到咸海以南,该低槽常可维持 5 d 以上;贝湖附近的低槽一般伴有冷低涡,随着乌山低槽的转动,不断有短波槽东传、补充到贝湖低槽中,使贝湖低槽加强南伸至河西走廊（图 5.5）。在副热带,西太平洋副热带高压明显偏强,西脊点伸到四川中部;而伊朗高压也加强东伸到青藏高原西缘,因此,我国西南地区成为两高之间的辐合区;贝湖低槽和辐合区为长江上游暴雨提供了有利的大尺度环流背景。

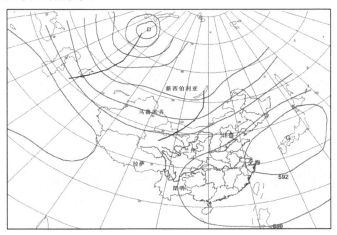

图 5.5　500 hPa 贝加尔湖低槽型环流形势

（4）长波移动型

欧亚中高纬度呈纬向环流分布（图5.6），多为移动性槽脊活动；西太平洋副热带高压偏东偏南。在乌山东部高压脊东移的作用下，脊前在新疆地区的短波槽向东南方移动进入河西走廊，并随着高压脊的加强，低槽加深南伸，经向环流发展。在这种形势下，槽后冷空气比较明显，槽前常有高原涡、西南涡生成，低涡沿槽前西南气流向东北方向移动。暖湿平流沿着槽前强劲的偏南气流从南海、孟湾向暴雨区输送。这种类型的暴雨自西向东移动，强度大，范围广，易造成洪涝灾害。

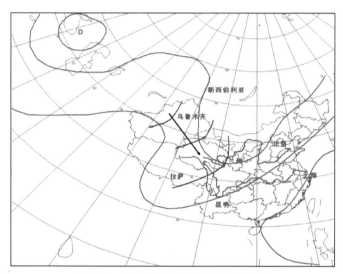

图 5.6　500 hPa 长波移动型环流形势

5.3.2　对流层低层（700、850 hPa）天气系统分析

对流层中层的大尺度天气系统为低层中间尺度系统的产生和发展提供了有利的环流背景，而出现在大约 1500～3000 m 上空的西南低涡、江淮切变线、低空急流等则常常直接影响暴雨的发展、强度和范围。

5.3.2.1　西南低涡

西南低涡简称西南涡，是在西藏高原及西南地区特殊地形和一定环流共同作用下，产生于我国西南地区低空的一种浅薄低涡。低涡维持不动时，一般降雨在低涡周围，范围不广，强度也不大；当低涡发展或沿切变线东移时，往往雨区增大，雨量增加。西南涡常常沿江淮切变线移动，为长江流域的持续性降水带来暖湿空气,具有强烈的上升运动,是造成强降雨的重要天气系统之一。

西南涡与长江流域的降水有很大关系,例如,1998 年 8 次洪峰降水 7 次有西南涡参与活动(图 5.7),并且在不断新生的西南低涡作用下,雨期增长,降雨区扩大。

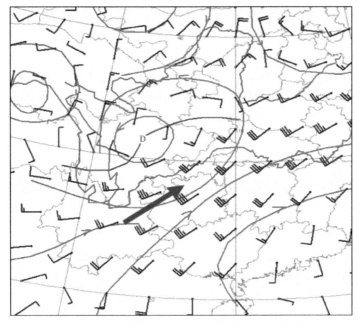

图 5.7 1998 年 8 月 14 日 08 时西南涡与切变线

(图中D表示低涡中心,——表示切变线,➡️表示西南急流)

5.3.2.2 江淮切变线

江淮切变线通常是指活动在青藏高原以东,$25°\sim35°N$ 之间,850 hPa、700 hPa 高空的切变线。切变线风场分为冷锋式、暖锋式、准静止锋式和南北向切变。切变线上降水量分布很不均匀,常在辐合较强、水汽供应充沛的地区形成暴雨。若与地面静止锋或冷锋相配合,降水强度增大,雨区在地面锋面与空中切变线之间。若切变线上有低涡形成东移,往往形成暴雨。

出现在长江上游流域的切变线是该流域强降水的一个重要影响系统。如在 1998 年 6 月 28 日至 8 月 31 日 8 次洪峰降水过程 7 次有切变线参与活动,并且雨区都分布在切变线周围并随切变线移动而移动。

5.3.2.3 低空急流

低空急流是一种动量、热量和水汽的高度集中带,在暴雨的发生中,低空急流的作用非常重要,暴雨产生于低空急流的左前方。低空急流中心风速通常大于等于 12 m/s。影响长江上游的低空急流一般为西南风急流和偏南风急流,其两侧有较强的风速水平切变。850 hPa 或 700 hPa 的急流位于副高西侧或北侧或西南侧,它的左侧经常有低空切变线和低涡活动。

5.3.3　台风对致洪暴雨间接影响的分析

台风、副高及它们的相互作用对致洪暴雨的产生,暴雨落区分布有着密切关系。在致洪暴雨过程中,很多情况下我国东南沿海有台风活动。台风虽没有直接影响长江上游,但它对致洪暴雨的间接影响仍较明显(图 5.8),主要有:

(1)对副高的影响。在一定条件下,台风活动会影响副高的移动和强度. 当台风在我国东部沿海北上时,我国东部大陆上常有一个由西太平洋副高断裂形成的稳定小高压;当台风沿副高南侧越过菲律宾或巴士海峡进入南海或登陆时,会引起副高的东西振荡、南北进退。上述形势都有利于四川上空切变线的稳定及低值系统沿切变线活动。

(2)有利于水汽通量增加。当台风西进到副高西南侧时,低空常产生一支 SE—S 的急流,增加了在长江上游产生暴雨所需的水汽。因此,台风与副高之间的相互作用为致洪暴雨形成提供了有利条件。

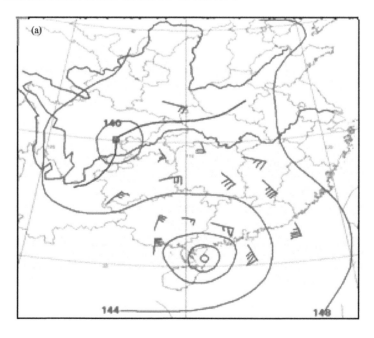

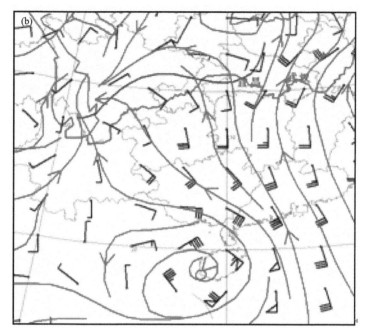

图 5.8　有台风时的高空 EC 分析场

(a)1965 年 7 月 15 日 08 时 850 hPa；(b)2010 年 7 月 16 日 20 时 850 hPa

5.3.4　波谱特征分析

长江上游强降水天气过程一般同中纬度西风带上的系统关系密切,受超长波系统的制约,直接与长波系统的发展、消亡相联系。在此利用 500 hPa,40°N 位势高度资料,使用波谱方法(陈新强,1986)进行合成分析,得其超长波、长波特征。

5.3.4.1　计算公式

沿某个纬圈 φ 将高度值 $H(\lambda,\varphi)$ 对经度 λ 展成傅里叶级数。即:

$$H(\lambda,\varphi) = \frac{1}{2}a_0(\varphi) + \sum_{k=1}^{k_0}\left[a_k(\varphi)\cos k\lambda + b_k(\varphi)\sin k\lambda\right]$$

$$= \overline{H}(\varphi) + H'(\lambda,\varphi)$$

式中,$\overline{H}(\varphi)$ 为纬圈平均高度,$H'(\lambda,\varphi)$ 为各简谐波的扰动高度;且有

$$a_k(\varphi) = \frac{1}{18}\sum_{i=1}^{36}\left[H_i(\varphi) - 500\right] \cdot \cos[k \cdot \lambda]$$

$$b_k(\varphi) = \frac{1}{18} \sum_{i=1}^{36} [H_i(\varphi) - 500] \cdot \sin[k \cdot \lambda]$$

$$\overline{H}(\varphi) = \frac{1}{2} a_0(\varphi) = \frac{1}{36} \sum_{i=1}^{36} [H_i(\varphi) - 500]$$

5.3.4.2 超长波特征

长江上游暴雨时超长波(0+1~3)是 3 波或 2 波,偏西暴雨为 3 波,偏东暴雨为 2 波,前者暴雨区处于 100°E 附近超长波脊后,后者暴雨在 70°E 附近超长波槽前。

1981 年 7 月长江上游出现了特大致洪暴雨,其中 12—14 日暴雨过程最明显,并且是自西向东发展的;12 日强降水在偏西区域的岷沱江和嘉陵江流域,日面雨量分别为 51.0 mm、50.5 mm;13 日岷沱江(50.5 mm)、嘉陵江(72.0 mm)暴雨维持,宜宾—重庆(46.6 mm)、重庆—万州(13.4 mm)出现暴雨(日面雨量≥20 mm)和中到大雨(≥10 mm);14 日暴雨区东移至万州—宜昌(30.4 mm)。从图 5.9 可看到,12—13 日,超长波为 3 波,波峰分别位于 0°E、100°E 和 130°W;14 日,随着暴雨区的东移,100°E 的波峰明显减弱,且与 60°E 附近的超长波槽趋于合并,3 波向 2 波转换。

5.3.4.3 长波特征

长江上游暴雨时长波(0+4~6)中纬度西风带是 5 波分布。从 1981 年 7 月 12—14 日强降水过程可看到(图 5.9),长波槽位置约分别位于 0°E、100°E、160°E、130°W 和 70°W,乌拉尔山为长波脊区,暴雨主要发生在脊前槽后的 100°E 附近区域。

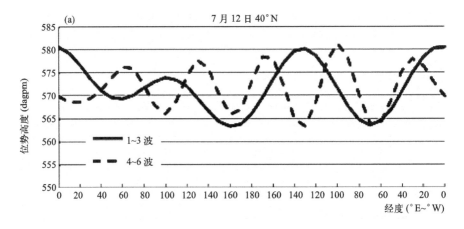

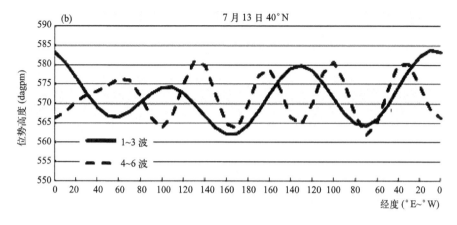

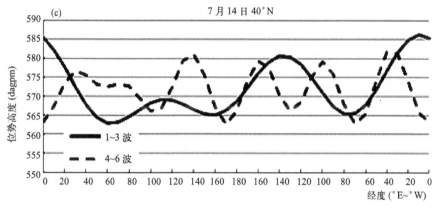

图 5.9　1981 年 7 月 12—14 日超长波、长波

5.3.5　小结

（1）致洪暴雨是由连续、集中的长历时、大面积的强降水造成的。

（2）致洪暴雨天气过程在 500 hPa 中高纬度,环流形势以稳定的阻塞形势为主,也有长波槽东移南下移动形势;在中低纬度,西太平洋副热带高压的位置起着非常重要的作用,此外,主要影响系统还有高原槽或高原涡、中低纬短波槽、以及副高与大陆高压之间的切变线等。

（3）根据 500 hPa 的环流特征将长江流域暴雨形势划分为 3 类:双阻型、中阻型和两种长波系统的调整型;长江上游流域的暴雨分为 4 种类型:乌山阻高型、巴湖低涡型、贝湖低槽型和长波移动型,前两类为阻塞型暴雨,后面为移动型暴雨。

（4）出现在 700 hPa、850 hPa 的西南低涡、江淮切变线、低空急流等是对流层低层致洪暴雨的重要影响系统。强降水主要出现在西南低涡的东部、切变线附近、低空急流的左前方。

（5）当台风或台风低压在华南沿海附近活动，对长江上游致洪暴雨可产生较明显的间接影响，强降水主要出现在长江上游的东部和南部。

（6）使用波谱分析方法，对长江上游致洪暴雨天气过程在 500 hPa，40°N 位势高度的超长波、长波进行合成分析，结果显示，超长波表现为 3 波或 2 波；长波为 5 波分布。在乌山东部—贝湖，超长波脊和长波槽为反位相叠加，长波脊、槽的位置反映了持续暴雨的环流特征。

参考文献

陈新强. 1986. 波谱分析中期天气预报方法概论[J]. 气象，**12**(增刊)：3-27.

程小慷. 2002. 1998 年长江流域致洪暴雨的天气特点分析[J]. 南京气象学院学报，**25**(3)：405-412.

丁一汇，张建云. 2009. 暴雨洪涝[M]. 北京：气象出版社：188-192.

李才媛. 2003. 长江上游三十年面雨量历史资料剖析[J]. 长江流域资源与环境，**12**(增刊)：58-62.

刘尧成，陈少平. 2001. 长江上游致洪暴雨天文天气耦合预报方法研究及应用[M]. 北京：气象出版社.

彭春华，郑启松. 1995. 荆江致洪与三峡区间暴雨预报[J]. 空军气象学院学报，**16**(2)：152-159.

四川省气象局. 1996. 四川省短期天气预报手册[M]. 北京：气象出版社：5-136.

王俊，李键庸，周新春，等. 2011. 2010 年长江暴雨洪水及三峡水库蓄泄影响分析[J]. 人民长江，**42**(6)：1-5.

王仁乔，李才媛，王丽，等. 2003. 六大流域强降水面雨量气候特征分析[J]. 气象，**29**(7)：38-42.

郁淑华，闵文彬，杨淑群. 1993. 长江上游致洪暴雨标准的探讨[J]. 四川水文，(3)：10-17.

郁淑华，杨淑群，闵文彬. 1995. 长江上游致洪暴雨的环境场及 *Q* 矢量分析[J]. 空军气象学院学报，(3)：282-292.

郁淑华. 1996. 长江上游致洪暴雨预报研究[J]. 四川气象，**16**(4)：19-23.